上海市建筑抗震能力调查评估

周伯昌　李　俊　齐亚坤　周介元　教聪聪　编著

地 震 出 版 社

图书在版编目（CIP）数据

上海市建筑抗震能力调查评估/周伯昌等编著.
—北京：地震出版社，2023.8
ISBN 978-7-5028-5579-6

Ⅰ.①上…　Ⅱ.①周…　Ⅲ.①建筑结构—抗震结构—调查研究—上海　Ⅳ.①TU352.1

中国国家版本馆 CIP 数据核字（2023）第 166637 号

地震版　XM5578/TU（6411）

上海市建筑抗震能力调查评估

周伯昌　李　俊　齐亚坤　周介元　教聪聪　编著

责任编辑：俞怡岚

责任校对：凌　樱

出版发行：地震出版社

北京市海淀区民族大学南路 9 号　　邮编：100081

销售中心：68423031　68467991　　传真：68467991

总 编 办：68462709　68423029

编辑二部（原专业部）：68721991

http://seismologicalpress.com

E-mail：68721991@sina.com

经销：全国各地新华书店

印刷：河北文盛印刷有限公司

版（印）次：2023 年 8 月第一版　2023 年 8 月第一次印刷

开本：787×1092　1/16

字数：256 千字

印张：10

书号：ISBN 978-7-5028-5579-6

定价：80.00 元

版权所有　翻印必究

（图书出现印装问题，本社负责调换）

前　言

地震灾害的本质是一种土木工程灾害，工程设施抗震能力不足是造成地震灾害和损失的重要原因。合理评估建筑物的抗震能力，是对不满足抗震要求的建筑物采取加固改造的前提，也是减轻地震灾害行之有效的途径，可为地震灾害风险评估与区划和防震减灾规划提供参考。

上海位于中国东部的长江口沿海地区，处于太平洋板块与欧亚板块相互作用的影响范围，是受到构造运动及板内构造变形影响的地区之一。上海及其邻近区属于中强地震活动区，存在一定的地震风险，历史上曾发生5.0~5.9级地震53次，6.0~6.9级地震21次，7.0级以上地震1次。上海软弱覆盖层厚，直下型小震就会造成明显的震感，近30多年来周边及邻近海域发生的中强地震因场地效应等对上海长周期高层建筑结构造成了显著震感或破坏，影响了社会稳定和人民生命财产安全。1984年5月21日的南黄海6.2级地震，曾造成3人死亡，90余人受伤。1996年11月9日长江口以东6.1级地震，曾造成多处供水系统损坏，东方明珠塔避雷针折断坠落。2018年4月18日台湾花莲6.7级地震、2020年5月3日日本九州岛附近海域6.0级地震、2021年11月17日江苏盐城市大丰海域5.0级地震、2021年12月22日江苏常州市天宁区4.2级地震，都造成上海高层建筑普遍有感。

上海作为社会主义现代化国际大都市和超大城市，承载着“四大功能”和“五个中心”发展战略，党中央和上海市委、市政府高度重视城市公共安全工作，把公共安全作为发展必须坚持的重要底线。城市建筑、人口、经济要素、工贸企业、生活设施等密度高，各类城市运行安全风险因子耦合作用明显，一旦遭遇地震，强烈的地面运动将使建筑物、城市基础设施等发生破坏，还会导致严重的次生灾害和社会问题，存在小震大灾、中震巨灾风险。特别是一些老旧建筑和基础设施，抗震性能较差，地震时可能造成严重的经济损失和人员伤亡。因此，为保障上海经济社会发展和人民生命财产安全，亟需全面了解上海市现有建筑物的抗震性能，科学有效地开展建筑结构抗震能力调查评估工作，摸清风险底数。

开展上海市建筑抗震能力调查与评估工作，是对《中华人民共和国防震减灾法》和习近平总书记在唐山抗震救灾和新唐山建设40年之际就我国防灾减灾救灾发表重要讲话中提出“两个坚持，三个转变”防灾减灾救灾新理念的深入贯彻落实，也是对我国第一次全国自然灾害综合风险普查工作做进一步的补充和完善。作者及其团队多年来一直从事防震减灾工作，致力于上海抗震韧性城市建设和震灾风险防治研究。本工作旨在上海全市范围内开展建筑抗震能力调查与评估，研究适合上海超大城市特点的建筑抗震能力评估方法，建立上海市建筑抗震能力基础数据库。并在此基础上，针对典型结构类型和不良地震地质上的建筑，进行结构精细化有限元分析和抗震性能评估，分析不同结构类型建筑的抗震性能。建立上海市建筑抗震能力调查评估信息管理系统平台。这样，全面了解上海市建筑抗震能力现状，找到抗震薄弱环节，以便结合上海市的城市发展与建设定位，给出上海市城市安全与建设的抗震韧性对策，推进城市老旧房屋和农村民居抗震改造加固，为震灾风险防治、地震应急和抗震防灾规划服务。

本书是对上海市建筑抗震能力调查与评估工作的梳理、总结，共分为8章。第1章阐述了工作开展的背景、目标、主要内容和效益。第2章介绍了工作技术路线、技术与方法。第3章阐述了数据调查、收集与入库工作，收集整理了上海市建筑结构信息、地震地质等资料。第4章介绍了地震危险性相关的潜在震源区划分、地震活动性参数确定、衰减关系及地震危险性计算结果等内容。第5章对上海市不同结构类型，主要分为多层砌体、老旧民房及单层砖柱、钢筋混凝土柱厂房、钢结构及钢结构厂房、钢筋混凝土结构、超高层建筑结构，进行了抗震能力评估。第6章选取典型建筑结构，用数值模拟的方法建立精细有限元分析模型进行了地震反应分析，评估其抗震性能。第7章简要介绍了上海市建筑抗震能力调查评估信息管理系统平台的主要内容。第8章对整个工作进行了总结和展望。

在上海市建筑抗震能力调查评估工作实施过程中，得到了上海市地震局领导、同事，和同济大学、上海杰狮信息技术有限公司、中国地震局工程力学研究所等合作单位的大力支持，在此一并表示感谢。

本书得到了上海科技计划项目：22dz1200200 高密度建筑群地震灾害风险评估与应对关键技术研究与应用、22dz1201400 城市建筑群抗震韧性智能评估与快速提升技术研究及示范，上海市财政项目：20130302 上海市建筑抗震能力现状调查等项目的资助和支持。

作者

2023 年 6 月于上海

目　　录

第1章　概　　述

1.1　工作背景

《国家中长期科学和技术发展规划纲要（2006~2020年）》指出将公共安全作为我国中长期发展的重要领域，其中的优先主题“重大自然灾害监测与防御”要求“重点研究开发地震等重大自然灾害的监测、预警和应急处置关键技术以及重大自然灾害综合风险分析评估技术”。《国家综合防灾减灾规划（2016~2020年）》指出国家防灾工作的基本原则之一是“预防为主，综合减灾”，要求开展“以县为单位的全国自然灾害风险与减灾能力调查，建设国家自然灾害风险数据库，形成支撑自然灾害风险管理的全要素数据资源体系。完善国家、区域、社区自然灾害综合风险评估指标体系和技术方法，推进自然灾害综合风险评估、隐患排查治理”。中国地震局《防震减灾规划（2016~2020年）》要求“开展地震高风险地区的重特大地震灾害情景构建和对策研究，强化地震应急准备”“研发大城市及城市群震害情景模拟、地震灾情快速获取和动态评估等关键技术”。

我国自然灾害多发频发，灾害种类多，分布地域广，发生频率高，造成损失惨重。国家十分重视自然灾害所造成的影响，提出加强自然灾害防治关系国计民生，要建立高效科学的自然灾害防治体系，提高全社会自然灾害防治能力，为保护人民群众生命财产安全和国家安全提供有力保障。同时，国家为扎实推进防震减灾工作，提出“针对关键领域和薄弱环节，推动实施灾害风险调查和重点隐患排查工程等自然灾害防治九项重点工程，掌握风险隐患底数”这一重大举措。

上海市位于华北地震区的南缘，是受我国中强地震活动波及的地区，东部和北部海域的中强地震对上海市的破坏或影响最大。上海市及邻近地区地震比较活跃，呈现北部强南部弱、海域强陆域弱的特点。上海市及邻近地区历史上曾发生5.0~5.9级地震53次，6.0~6.9级地震21次，7.0级以上地震1次。上海软弱覆盖层厚，直下型小震就会造成明显的震感，近30多年来周边及邻近海域发生的中强地震因场地效应等对上海长周期结构造成了显著震感或破坏。如，1984年5月21日的南黄海6.2级地震，曾造成3人死亡，90余人受伤；1996年11月9日长江口以东6.1级地震，曾造成多处供水系统损坏，东方明珠塔避雷针折断坠落。

上海作为社会主义现代化国际大都市和超大城市，是国际经济、金融、贸易、航运和科创中心，承载着全球资源配置、科技创新策源、高端产业引领、开放枢纽门户四大功能。上海建筑密度高、人口密度高、经济要素密度高、工贸企业密度高、生活设施密度高，各类城市运行安全风险因子耦合作用明显，缺少重大地震灾害应对经验，地震灾害风险底数不清。

上海市委、市政府高度重视城市公共安全工作，把公共安全作为发展必须坚持的重要底线。《上海市城市总体规划（2015~2040年）纲要》提出要提高城市安全保障能力，指出要加强城市防灾减灾设施建设，提升城市防灾减灾和应急救援能力，强化城市基础保障，提高城市生命线系统运营效率和智能化水平，严守城市安全发展底线，保障城市运行安全，建设一个韧性的、有恢复力的城市。

震害经验表明，建筑物抗震能力的大小是决定城市遭遇地震后造成人员伤亡和财产损失的关键性因素。城市防震防灾最有效的途径是提高建筑物的抗震能力，而城市建筑抗震能力调查工作就显得尤为重要。

上海市早期建筑抗震设防标准小于6度，基本为不设防。唐山大地震之后，1977年我国第二代地震烈度区划图颁布实施，上海市地震基本烈度定为Ⅵ度。1992年第三代地震烈度区划图，上海市中心城区的设防烈度从原来的6度提高到7度。2001年国家颁布了第四代地震烈度区划图，上海市除崇明、金山的抗震设防烈度为6度外，其他各区的抗震设防烈度均为7度。2013年《上海市建筑抗震设计规程》（DGJ 08-9—2013）实施，上海市全域为7度设防。因此，从上海抗震设防标准演化来看，上海市建筑抗震设防区域差异明显，有不少老旧建筑、农居甚至根本没有设防或未达到7度设防要求。

20世纪90年代初，上海市先后开展过“上海市地震震害初步估计”和“上海市震害预测”相关工作，建筑调查范围仅仅约372km^2。2001年，在上海市抗震办公室的主导下，对上海市部分区县（2000年12月31日以前建造的）居住建筑抗震能力进行了调查，除居住以外的工农业、商用、公共建筑等都没有涉及，这次调查在地域上也没有在上海全市范围内普遍展开。2003年，上海市地震局联合中国地震局工程力学研究所对浦东新区开展了震害预测工作。近30年来，上海的城市面貌发生了巨大的变化，全市拆除了大量旧房，新建了约几十亿平方米符合抗震设防要求的房屋。

为此，本工作对上海全市范围的建筑物进行抗震能力调查与评估，并基于GIS建立上海市建筑抗震能力调查评估信息管理系统平台。

1.2　工作目标

本工作旨在全市范围内开展建筑抗震能力调查和评估，建立上海市建筑抗震能力基础数据库，并在此基础上，针对典型结构类型和不良地震地质上的建筑，进行结构精细化有限元分析和抗震性能评估，找到建筑抗震薄弱环节。根据调查与评估的结果，进行抗震能力分析，建立上海市建筑抗震能力调查评估信息管理系统平台。给出上海市城市安全与建设的抗震韧性对策，推进城市老旧房屋和农村民居抗震改造加固，为震灾风险防治、地震应急和抗震防灾规划等工作提供依据和建议。

探索和发展适合上海超大城市特点的建筑抗震能力评估方法，对于上海市量大面广的一般建筑物震害能力的评估，采用结构分类评估法求得样本数据震害矩阵，并结合平均震害指数法，由样本数据震害矩阵获得普查样本的震害矩阵。对于150m以上且经过严格抗震设计又没有震害经验的超高层大型重要建筑物抗震能力的评估，则采用美国联邦应急管理署提出的HAZUS方法。在此基础上，针对典型结构类型和断层、液化软弱地基上等典型建筑进行结构精细化有限元分析和抗震性能评估。最终对上海市建筑抗震能力做出综合评价。

以上海建筑抗震能力调查基础数据和抗震性能评估评估结果数据为基础，基于GIS建立的上海市建筑抗震能力调查评估信息管理系统平台主要分抗震能力地图和测算评估系统两大部分，实现全市建筑抗震能力基础数据和地震灾害风险评估管理过程信息化、可视化、动态化。

1.3　工作主要内容

1. 建筑数据收集与调查

建筑数据收集和调查主要通过内业收集与现场调查作业获取，内容包括全市建筑普查数据、浦东新区房屋详查数据、典型结构设计图纸和地震地质资料等。

2. 地震危险性分析

用考虑地震活动时空非均匀性的概率分析方法，分析上海市地震危险性，得到基岩地震动结果，以此基础数据，基于地震动场地调整方案，分别开展四个概率（50年63%、50年10%、50年2%、100年1%）地震动峰值加速度场地调整计算，得到四个概率场地地震动峰值加速度及其危险性等值线图。

3. 建筑抗震能力评估

对于上海市地区量大面广的一般建筑物震害能力的评估，本次工作采用结构分类评估法求得样本数据震害矩阵，然后结合平均震害指数法，由样本数据震害矩阵获得普查样本的震害矩阵。而对于150m以上且经过严格抗震设计又没有震害经验的超高层大型重要建筑物的抗震能力评估，采用美国联邦应急管理署提出的HAZUS方法。最终得出更符合上海实际和城市建筑特点的震害矩阵，同时提出适合上海城市建筑特点的易损性评定方法。

在此基础上，选取10栋上海典型结构类型和不良地震地质上的建筑，采用静力弹塑性分析法和时程分析法，进行结构精细化有限元分析和抗震性能评估，输入与上海地面运动特性相符且具有代表性的地震动加速度记录，进行结构地震动力响应分析，得到量化的不同结构体系及构件的抗震性能指标。同时，比较易损性评估法与精细化有限元计算得到的建筑抗震能力评估结果，根据其对应特点，验证易损性评定法的普适性、合理性和有效性。

4. 数据库建设

数据库包括基础地理数据、建筑基础属性数据库、地震地质资料、抗震能力评估结果数据库等。基于Oracle将调查与收集的数据信息资料进行汇总、分析、处理、质检、转换，建立上海市建筑抗震能力基础数据库。

5. 调查评估信息管理系统平台建设

以上海市建筑抗震能力基础数据库为基础，以GIS软件为平台，建立上海市建筑抗震能力调查评估信息管理系统平台。平台主要包括上海市建筑抗震能力基础数据库、上海市建筑抗震能力数字信息化地图、上海市建筑抗震能力模拟测算和实测评估评估系统。

1.4 工作效益分析

1. 社会效益

通过上海市建筑抗震能力现状调查、评估，全面了解上海市建筑抗震能力现状，找出抗震薄弱环节及原因，能有效预防和减轻地震灾害，有助于提高政府和社会的应急反应和救援效率，从而减少灾害引发的社会混乱，安定社会秩序，稳定人心，有效地完善了上海城市安全监控体系。也为社会建设发展，后续抗震改造加固提供依据，为上海韧性城市建设提供基础。

2. 经济效益

上海市建筑物抗震能力调查、评估工作科学有效地评估建筑物在不同地震烈度作用下的破坏程度，为震前预测评估以及震后应急救灾提供技术保障，为合理规划避震疏散场所，分配抗震救援资源，降低人员伤亡，减少经济损失提供参考依据。

第 2 章　实施技术路线与方法

2.1　总体技术路线

上海市各类建筑抗震能力现状调查与评估，采用区域内抗震能力普查、评估与典型结构精细化有限元抗震分析评定相结合的方式，采取统一要求、分类指导、整体普查、抓取典型的方法，应用震害指数法，辅以结构分类评估法和美国 HAZUS 方法，建立适用于上海市的不同类别建筑物结构震害矩阵，建立上海市建筑抗震能力数据库。

在建筑抗震能力调查、评估建立的基础数据库基础上，针对抗震能力薄弱的结构类型和断层、液化软弱地基上的典型建筑进行结构精细化有限元分析和抗震性能评估，输入上海市 16 个行政区的地震动时程，进行结构地震动力响应分析，找到结构抗震薄弱环节和原因。根据调查、评估和计算分析的结果，进行抗震能力分析，建立上海市建筑抗震能力调查评估信息管理系统平台。

项目总体技术思路框架如图 2.1 所示。

2.2　主要应用的方法和技术介绍

2.2.1　建筑基础数据调查和校核方法

本次建筑调查的范围为全上海市，建筑总量超过 240 万栋，若采取现场逐栋调查的方式，在项目规定的三年周期和有限的项目经费条件下，无法完成项目目标和相应内容。所以，采用内业收集和外业现场调查相结合的方式，对上海市地震地质资料和各类建筑基础数据信息进行收集、处理，为后续评估和数据入库提供数据支撑。

内业收集主要通过查询相关档案资料、摩天大楼网站、上海市号码百事通 POI 地址地名库，结合水经注万能地图下载器、测绘院政务版电子地图等电子地图、遥感影像数据、街景、规划审批、设计施工图、地震地质专业资料等方式，对 16 个行政区范围内的建筑物基础信息及设计图纸、地震地质资料进行收集获取。针对属性缺失的建筑，先利用爬虫工具，从房天下、安居客、58 同城等网站中收集获取相关信息，再通过人工检查，结合统计年鉴（图 2.2）、地方志（图 2.3）、住宅志等资料和现场调查等方式对获取的信息进行过滤筛选、核查、整理。

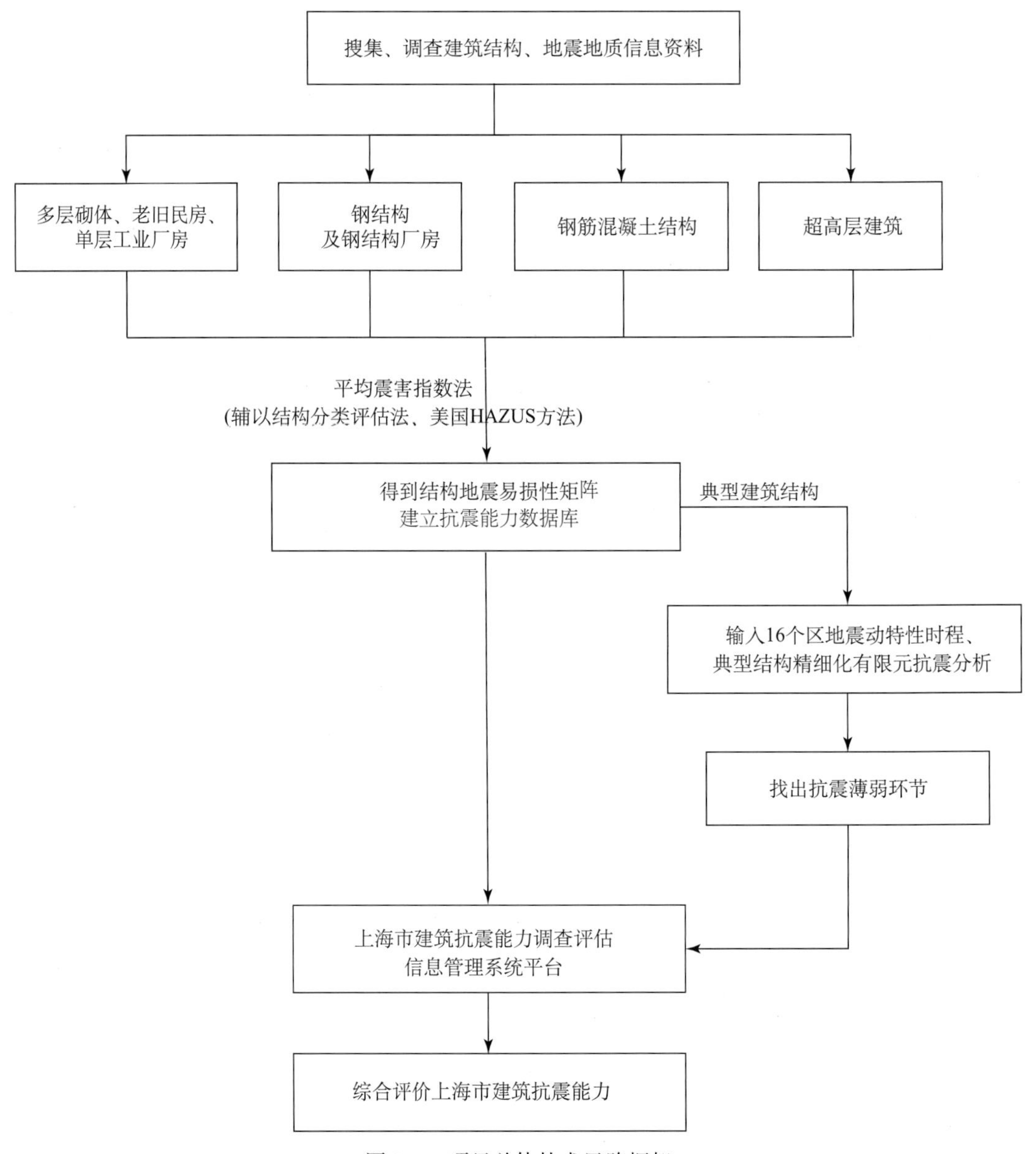

图 2.1　项目总体技术思路框架

外业现场调查，主要是针对浦东新区建筑开展易损性分析工作所需的不同结构类型的建筑结构信息和精细化有限元分析所需结构现状、材料强度等开展现场查看、测试和抗震鉴定等工作。

数据核查、校验工作也分内业和外业两种方式进行。

在属性信息核查校验过程中，为兼顾核查的效率与成果的质量，按不同功能选取逐栋校核和抽样校核相结合的方式，对调查区域内所有建筑进行校核。按建筑功能分为居住建筑(细分农居和石库门两小类)、行政办公建筑、商业建筑、中小学、大学院校、医院、养老院、工业建筑、大型场馆等类型。其中学校、医院和超高层建筑等重要建筑采用逐栋校核的

图 2.2　上海统计年鉴（2018~2020 年）

图 2.3　上海市地方志截图（部分）

方式，而住宅小区和农民住房因具有相似性，采取抽样调查方式，即选择某区域中的典型建筑，以点带面，从而提高数据核查效率。

数据内业复核工作：首先根据行政区划和街镇信息对建筑数据进行区块划分，分派到各数据处理人员。借助已有的影像资料、地图资料、校安工程等档案资料，摩天大楼网站、测绘院政务版电子地图、百度地图、街景等网络资源并结合现场实地核查，各自对获取的信息进行校验，对发现的错误信息或缺失信息情况，及时进行信息更正以及补录操作。随后对获取的现有数据和已有的历史数据进行汇总整理和完善，保证调查数据的正确性、真实性和完整性。

数据外业复核工作：由于调查区域内的建筑数据的数据量很大，通过人工一一实地核查显然是不现实的，所以本工作随机抽取部分区域范围进行现场外业调查，调查分析建筑现状与原始收集资料相符合的程度；核查底图建筑物轮廓线是否与实际情况相符；核对每栋建筑楼层、结构、面积、用途、使用情况是否与实际相符。如有不符合的，修正、更新前期已收集数据中的对应建筑物属性。

对于空间数据的核查，基于空间数据元数据描述，采用元数据中的检查规则和空间数据引擎对空间要素和非空间要素所存在的错误和误差进行检查，主要包括数据完整性、属性精度、空间精度、逻辑一致性四个方面的内容。利用 ArcGIS 软件平台，对空间数据的编码、分层、拓扑、图属不一致、逻辑错误以及人为错误等问题进行检查及修改，以此提高空间数据质量，保证单栋建筑空间分布的准确性。

由于建筑数据信息体量非常庞大，加之项目实施周期和经费有限，导致调查获取的数据不能确保完全准确，但项目组在现有人力、物力、财力和时间的基础，加强组织管理和保障，做到尽可能使调查数据与实际相符。

2.2.2 地震危险性计算分析技术方法

地震危险性分析的基本技术思路和计算方法概述如下：

（1）首先确定地震统计单元（地震带），以此作为考虑地震活动时间非均匀性、确定未来百年地震活动水平和地震危险性空间相对分布概率的基本单元。地震统计区内部地震活动在空间和时间上都是不均匀的。

假定地震统计区内地震时间过程符合分段的泊松过程。令地震带的震级上限为 M_{uz}，震级下限为 M_0，t 年内 $M_0 \sim M_{uz}$ 地震年平均发生率 ν_0，ν_0 由未来的地震活动趋势来确定。则统计区内 t 年内发生 n 次地震的概率：

$$P(n) = \frac{(\nu_0 t)^n}{n!} \mathrm{e}^{-\nu_0 t} \tag{2.1}$$

同时假定地震统计区内地震活动性遵从修正的震级频度关系，相应的震级概率密度函数为：

$$f(m) = \frac{\beta \exp[-\beta(m - m_0)]}{1 - \exp[-\beta(m_{uz} - m_0)]} \tag{2.2}$$

式中，$\beta = b\ln 10$，b 为震级频度关系的斜率。实际工作中，震级 m 分成 N_m 档，m_j 表示震级范围为 $\left(m_j \pm \frac{1}{2}\Delta m\right)$ 的震级档。则地震统计区内发生 m_j 档地震的概率：

$$P(m_j) = \frac{2}{\beta} f(m_j) \operatorname{sh}\left(\frac{1}{2}\beta \Delta m\right) \tag{2.3}$$

（2）在地震统计区内部划分潜在震源区，并以潜在震源区的空间分布函数 $f_{i,\ m_j}$ 来反映各震级档地震在各潜在震源区上分布的空间不均匀性，而潜在震源区内部地震活动性假定是一致的。假定地震带内共划分出N_S个潜在震源区 $\{S_1,\ S_2,\ \cdots,\ S_{N_S}\}$ 。

（3）根据分段泊松分布模型和全概率公式，地震统计区内部发生的地震，影响到场点地震动参数值 A 超越给定值 a 的年超越概率为：

$$P_k(A \geqslant a) = 1 - \exp\left\{-\frac{2\nu_0}{\beta}\sum_{j=1}^{N_m}\sum_{i=1}^{N_S}\iiint P(A \geqslant a \mid E)f(\theta)\frac{f_{i,\ m_j}}{A(S_i)}f(m_j)\mathrm{Sh}\left(\frac{1}{2}\beta\Delta m\right)\mathrm{d}x\mathrm{d}y\mathrm{d}\theta\right\} \tag{2.4}$$

$A(S_i)$ 为地震统计区内第 i 个潜在震源区的面积，$P(A \geqslant a \mid E)$ 为地震统计区内第 i 个潜在震源区内发生某一特定地震事件（震中（x，y），震级 $m_j \pm \frac{1}{2}\Delta m$ ，破裂方向 θ ）时场点地震动超越 a 的概率，$f(\theta)$ 为破裂方向的概率密度函数。

（4）假定共有 N_z 个地震统计区对场点有影响，则综合所有地震统计区的影响得：

$$P(A \geqslant a) = 1 - \prod_{k=1}^{N_z}\left[1 - P_k(A \geqslant a)\right] \tag{2.5}$$

2.2.3　建筑抗震能力评估的主要方法选取

建筑物震害预测、抗震能力调查评估的方法较多，本工作重点关注较成熟、应用较广泛、实际较适合上海市城市评估的三种评估方法，即建筑物平均震害指数法、结构分类评估法和美国联邦应急管理署提出的 HAZUS 方法。

震害指数是评价某个结构或构件在受到地震作用后的破坏状态的无量纲指数，是对建筑结构的地震破坏状态进行定量评估的重要方法。震害指数越小，表示其破坏程度越小；反之，则表示破坏程度越大。平均震害指数则指所有房屋的震害指数的总平均值，它反映了一个区域的建筑物整体的破坏程度。平均震害指数法根据建筑物的易损性对结构按年代、层数、用途进行归类分析。给出了不同分类下的结构的易损性矩阵。由房屋抗震性能普查资料统计出的不同分类建筑物的面积比例，与不同分类建筑物易损性矩阵进行加权平均，建立具体预测区的建筑物易损性矩阵。该方法便于资料的获取和数据信息的采集，使用便捷和快速，易于计算机实现，可以大大减少工作区建筑物易损性分析的工作量，并有助于震后的震害快速评估。

结构分类评估法，指根据建筑物的结构类型对建筑物进行分类，对各类不同结构类型的建筑物的特点，分别按不同的方法进行震害预测，得到不同结构类型的结构地震易损性矩阵。其特点是根据建筑物的主要结构类型作详细的分类、预测技术思路更为严谨合理，并可以对建筑物进行单体预测和群体预测。该方法的不足之处是对数据的要求较高，由于结构分类详细、预测方法严谨，造成数据的种类相对更多、数据的技术要求也更高。因此基础资料收集的工作量非常大，也增加了对预测评估系统数据库的更新维护的难度。

HAZUS 方法是一种类 Pushover 方法。以在 ADRS（Acceleration-Displacement Response Spectra）格式下求得的能力谱（Capacity Spectrum）曲线与需求谱（Demand Spectrum）曲线的交点作为评估建筑抗震能力的性能点，该性能点代表建筑物所能承受的地震强度及相应的最大位移。根据性能点的位移，在统计意义上，给出建筑达到各种破坏状态的概率。该方法的关键在于能力谱曲线与需求谱曲线的构造及性能点的求取过程。此方法一般应用于缺乏震害经验建筑的抗震能力快速评估。

以上三种建筑物抗震能力评估方法各有优缺点。建筑物结构分类评估法与震害指数法相比，虽然技术分析更精细、应用上更加灵活，但项目组经过初步调研发现，上海市现有各类房屋超过 240 万栋，即使按照《城市抗震防灾规划标准》对抽样率的最低要求——1%进行抽样，需要详细抽样分析的建筑物也近 2.4 万栋，在工作三年实施周期和有限经费条件下，无法完成。另外 2003 年上海市地震局开展了“上海市浦东新区防震减灾辅助决策系统”的建设工作，在该项工作中，对浦东新区的建筑物进行了较为详细的抽样和结构易损性分析工作。上海市在相同年代进行项目建设时都遵照同样的规范和标准进行规划、设计、施工，历史震害经验表明，相同年代建设的同一结构类型的房屋在同样的地震作用下具有基本相同的震害。

对于上海市地区量大面广的一般建筑物震害能力的评估，采用结构分类评估法求得样本数据震害矩阵，然后结合平均震害指数法，由样本数据震害矩阵获得普查样本的震害矩阵。而对于 150m 以上且经过严格抗震设计又没有震害经验的超高层大型重要建筑物的抗震能力评估，采用美国联邦应急管理署提出的 HAZUS 方法。最终得出更符合上海市实际和城市建筑特点的震害矩阵，同时提出适合上海市城市建筑特点的抗震能力普查评估方法。

对于结构分类法，根据上海市的地震背景和建筑物组成特点，在原结构分类评估方法上，做了如下调整：尹之潜等建立的原结构分类评估方法的烈度范围为Ⅵ、Ⅶ、Ⅷ、Ⅸ、Ⅹ度，考虑上海市的地震背景特点，评估的烈度范围定为Ⅵ、Ⅶ、Ⅷ度三个等级。《地震灾害预测及其信息管理系统技术规范》中，把建筑物分为重要建筑物和一般建筑物这两大类，在一般建筑物中又根据建筑物的结构类型，分为多层砌体房屋、多层钢筋混凝土房屋、高层建筑、单层民宅、其他类别等五类。在此基础上，考虑到上海市目前的房屋结构分布中，仍以多层砌体房屋和多层钢筋混凝土房屋为主，但近年来高层及超高层建筑大幅增加，同时尚有一定数量的老旧民房和单层厂房，故将结构类型分为以下：多层砌体、钢筋混凝土、超高层大型建筑物、老旧民房、单层工业厂房和单层空旷房屋。地震破坏的等级划分为以下五个等级，即：基本完好、轻微破坏、中等破坏、严重破坏和毁坏。这样，分别建立各类不同结构类型的地震易损性矩阵。

2.2.4　典型建筑结构精细化有限元分析方法介绍

在调查、评估得到的结构地震易损性评估结果基础上，针对上海市典型建筑和抗震能力薄弱的结构类型，采用弹塑性时程反应分析法，进行结构精细化有限元分析和抗震性能评估，输入上海市地震动特性时程，进行结构地震动力响应分析，根据建筑物楼层层间水平位移角限值，确定结构的性能水平，给出结构破坏等级，找到结构抗震薄弱环节和原因。并将有限元计算分析的建筑抗震能力结果与普查群体易损性评估的结果进行比对，验证普查群体易损性评估方法的合理性和可靠性。

弹塑性时程反应分析法是将确定的加速度-时间曲线划分为微小时段，得到每一时刻结构的反应。通过逐步积分，求出体系在对应时刻的位移反应、速度反应和加速度反应，进而计算得出结构内力和结构位移变形。弹塑性时程分析法通过计算分析不同水平地震作用下的结构整体和各构件的内力和变形状态，通过判定，可以得到构件开裂和屈服的顺序，从而判断结构的屈服机制、薄弱环节及倒塌破坏模式，还原物理模拟振动台试验的效果。一般情况下，从结构整体变形判断结构的性能水平是目前普遍采用的方法，反应结构的整体性能，而不是某一构件的屈服或失效情况。弹塑性时程分析法能够计算地震反应全过程各时刻结构的内力和变形状态，给出结构构件开裂和屈服的顺序，从而判断结构的屈服机制、薄弱环节及倒塌破坏形式，被视为是相对完善和精确的方法。

典型建筑结构精细化有限元分析和抗震性能评估，简要分为以下几个步骤：

（1）在建筑抗震能力建立的结构地震易损性矩阵基础数据库基础上，搜集典型建筑和抗震能力薄弱结构类型的设计图纸、设计计算书、竣工图纸和工程验收文件等原始资料，并根据计算分析需要进行补充勘查和实测。

（2）调查分析建筑现状与原始资料相符合的程度、施工质量和维护状况，找出对抗震不利的因素和相关的非抗震缺陷，并在计算模型相关参数的选取中考虑这些因素的影响。

（3）建立以上典型结构的精细化有限元模型，输入上海市地震动特性时程，进行结构地震动力响应分析，根据建筑物楼层层间水平位移角限值，确定结构的性能水平，给出结构破坏等级，评估结构抗震能力。

（4）将有限元计算分析的建筑抗震能力结果与普查群体易损性评估结果进行比对，验证普查群体易损性评估方法的合理性和可靠性。

2.2.5　建筑抗震能力数据库建设关键技术

上海市建筑抗震能力数据库包括建筑普查基础信息数据和建筑抗震能力评估数据，数据量庞大，且与地图专题模块、测算评估系统及统计分析模块建设需联动运行。数据库主要采用关系数据库和空间数据库相结合的技术，其优点是访问速度快、支持通用的关系数据库管理系统、空间数据按 BLOB 存取、可跨数据库平台、与特定 GIS 平台结合紧密。利用这一技术可以统一管理空间数据和属性数据，确保空间和非空间数据的一体化存储，实现各种海量数据的存储、索引、管理、查询、处理及数据的深层次挖掘；还可对数据物理存储、数据索引、数据压缩、空间数据引擎、数据提取、数据缓存以及显示等进行优化创新，提高数据查询、浏览和调用速度，为前端地图应用功能开发和空间信息发布提供强有力的支持。

针对多源、异构、标准不一的数据，通过分类整理入库、数据库连接注册、数据服务集成等多种方式实现数据整合建库。上海市建筑抗震能力数据量巨大，为保证应用系统高性能的运行，充分发挥 ArcSDE 的特点，建立空间索引对数据库中空间数据进行组织和管理。通过 ArcGIS Server 的性能调整，建立合理的空间索引和属性索引，能加速表与表之间的连接，在使用分组和排序子句进行数据检索时，可以显著减少查询中分组和排序的时间，加快数据的检索速度，提高数据查询效率。

2.2.6 建筑抗震能力调查评估信息管理系统平台开发应用关键技术

采用利旧、节约成本的原则，平台建设的软硬件设备选用用户现有的设施基础进行搭建部署，可以达到节约的目的。本系统平台运行涉及的软件环境主要包括：操作系统软件、数据库系统、Web 服务中间件、GIS 软件平台等。系统运行稳定，容错性强。系统的各项性能指标包括系统响应速度，平均无故障运行时间间隔等，均按照相关标准进行设计。上海市建筑抗震能力调查评估信息管理系统平台开发应用的关键技术主要包含以下几个方面：

1. 基于 ArcGIS Server 构筑空间数据服务平台

ArcGIS Server 是 ESRI 发布的提供面向 Web 空间数据服务的一个企业级 GIS 软件平台，提供创建和配置 GIS 应用程序和服务的框架，为面向服务架构的企业级 GIS 共享提供了技术支撑，在实现技术层面提供一个开放的、可灵活定制的、面向服务（SOA）架构的综合应用平台，并且提供了从数据处理，应用功能开发、服务定制到服务发布，系统优化，角色权限管理，安全加密等一整套解决方案。ArcSDE 是多种 DMBS 的通道，能在多种 DBMS 平台上提供高级的、高能力的 GIS 数据管理的接口，可为用户提供大型空间数据库支持。平台建设充分发挥 ArcSDE 的特点，建立空间索引对数据库中空间数据进行组织和管理。通过 ArcGIS Server 的能力调整，建立合理的空间索引和属性索引，能加速表与表之间的连接，在使用分组和排序子句进行数据检索时，可以显著减少查询中分组和排序的时间，加快数据的检索速度，提高数据查询效率。

2. Web Service 技术

Web Service 是一种可以接收从 Internet 或者 Intranet 上的其他系统中传递过来的请求，轻量级的独立的通信技术。Web Service 技术能使得运行在不同机器上的不同应用无须借助附加的、专门的第三方软件或硬件，就可相互交换数据或集成。依据 Web Service 规范实施的应用之间，无论它们所使用的语言、平台或内部协议是什么，都可以相互交换数据。Web Service 是自描述、自包含的可用网络模块，可以执行具体的业务功能。Web Service 也很容易部署，因为它们基于一些常规的产业标准以及已有的一些技术，诸如 XML 和 HTTP。Web Service 减少了应用接口的花费。Web Service 为整个企业甚至多个组织之间的业务流程的集成提供了一个通用机制。

3. ArcGIS 切片地图服务

ArcGIS 切片地图服务是使地图和图像服务更快运行的一种非常有效的方法。创建地图缓存时，服务器会在若干个不同的比例级别上绘制整个地图并存储地图图像的副本，服务器可在用户请求使用地图时分发这些图像。对于服务器来说，每次请求使用地图时，返回缓存的图像要比绘制地图快得多。因此，面对具有庞大数据量的上海市建筑基础数据，利用 ArcGIS 地图切片服务中的图片不需要服务器实时生成，本身存在服务器的硬盘上，大大提高服务器的能力的优势，可以较为有效的解决各类地图展示加载缓慢容易崩溃的问题。

4. 空间插值分析

在实际工作中，由于成本的限制、测量工作实施困难大等因素，不能对研究区域的每一位置都进行测量（如降雨、高程、气温、湿度、噪声等级分布等）。这时，可以考虑合理选取采样点，然后通过采样点的测量值，使用适当的数学模型，对区域所有位置进行预测，形成测量值表面。空间插值常用于将离散点的测量数据转换为连续的数据曲面，以便与其他空间现象的分布模式进行比较。

空间插值方法分为两类：一类是确定性方法，另一类是地质统计学方法。确定性插值方法是基于信息点之间的相似程度或者整个曲面的光滑性来创建一个拟合曲面，比如反距离加权平均插值法（IDW）、趋势面法、样条函数法等；地质统计学插值方法是利用样本点的统计规律，使样本点之间的空间自相关性定量化，从而在待预测的点周围构建样本点的空间结构模型，比如克立金（Kriging）插值法。

本项目所采用的是普通克里金插值法。克里金法（Kriging）是依据协方差函数对随机过程/随机场进行空间建模和预测（插值）的回归算法。在特定的随机过程，例如固有平稳过程中，克里金法能够给出最优线性无偏估计，因此在地统计学中也被称为空间最优无偏估计器。

克里金斯插值的优势：在数据网格化的过程中考虑了描述对象的空间相关性质，使插值结果更科学、更接近于实际情况；能给出插值的误差（克里金方差），使插值的可靠程度一目了然。

第3章　数据调查收集与入库

3.1　数据调查

通过内业收集和外业现场调查的方式对上海市地震地质资料和各类建筑数据信息进行收集、核查、处理，为后续评估和数据入库提供数据支撑，调查分普查和抽样详查。

普查以街道为调查单元对建筑物的基本信息进行逐栋收集，考虑建筑抗震能力评估和展示分析图层的需要，对每栋建筑名称、地址、建筑功能、结构类型、结构高度、建造年代、建筑面积、改造加固情况等信息进行调查。

抽样详查主要包括两方面工作：一是根据结构分类易损性评估法的需求，选取建筑数量多、建筑结构类型丰富的浦东新区不同结构类型建筑进行抽样详查，主要分多层砌体结构、老旧民房结构、钢筋混凝土结构、超高层大型建筑结构、单层工业厂房和单层空旷房屋六种结构类型，按照各结构类型易损性计算评估方法，分别对这些建筑结构的相关设计数据、结构现状参数进行详查。二是根据典型建筑结构精细化有限元分析的需求，对10栋典型建筑结构的设计图纸、结构计算书、建筑结构现状参数、地震输入数据等信息资料进行详细调查和现场勘查、鉴定。

3.1.1　建筑数据调查内容

本次建筑抗震能力调查工作在上海市全市范围内开展，以街道为调查统计单元，对建筑物进行逐栋调查或者抽样详查，搜集了全市黄浦区、徐汇区、浦东新区等16个市辖区，107个街道所有建筑结构的普查基础数据和部分建筑结构的详查数据。

1. 建筑结构普查数据

建筑普查数据包括每栋建筑地理信息底图库，每栋建筑名称、地址、建筑功能、结构类型、结构高度、建造年代、建筑面积、层数、改造加固情况等数据。

建造年代：建筑的建造时间，一般为竣工时间。按上海抗震设防演化，分为1977年之前、1978~1991年、1992~2003年、2004~2013年、2014年以后。

建筑面积：建筑总面积可在图纸的设计说明中查到。由于系统采用的电子地图已有图形的面积属性，系统的查询和统计采用的电子地图的面积。

结构类型：能承受和传递作用并具有适当刚度的由各连接部件组合而成的整体。按评估方法，结构类型分为多层砌体、超高层大型建筑、钢筋混凝土、老旧民房、单层工业厂房、单层空旷房屋等。

层数：建筑总层数，层数不包括地下室和突出屋顶的小房间。

建筑功能：建筑的功能用途分为居住建筑（细分为农居和石库门两小类）、行政办公建筑、商业建筑、中小学、大学院校、医院、养老院、工业建筑、大型场馆等。

结构高度：按国内外建筑关于按高度分类的标准，划分为 0~27、28~100、101~150、151~300、300~500、500m 以上。

改造加固情况：建筑有无抗震加固改造情况。

2. 建筑结构详查数据

1）结构分类易损性评估所需详查数据

在 2003 年上海市地震局联合中国地震局工程力学研究所在浦东开展的震害预测工作基础上，在浦东新区范围内，根据多层砌体结构、老旧民房结构、钢筋混凝土结构、超高层大型建筑结构、单层工业厂房和单层空旷房屋六种结构类型易损性计算评估具体需求，抽样详查建筑结构的相关设计数据、结构现状参数等。在整理 2003 年已有详细抽样信息资料的基础上，根据近十几年来的建设情况，有针对性地补充抽样，详细样本累计 6700 多栋，达到了《城市抗震防灾规划标准》对抽样率 1%的要求。

由于每类结构的受力性能和易损性评估分析指标参数的不同，每类结构详查的数据信息也不同，项目组针对每类结构制定了不同的详查表格，限于篇幅，以多层砌体、老旧民房、单层钢筋混凝土柱厂房和单层砖柱厂房详查为例，展示调查的具体信息，如表 3.1 至表 3.4 所示。

表 3.1　城镇区域的多层砌体调查表

编号：　　　　　　　　　　　　简图另附：[　　　]（若有则打√，下同）

建筑名称				用途	
建造年代		单层建筑面积（m^2）		层数	
高度（m）		平、立面	[　　]规则	[　　]不规则	
单层墙体水平截面面积		砂浆强度等级		设防烈度	

表 3.2　老旧民房调查表

编号：　　　　　　　　　　　　简图另附：[　　]（若有则打√，下同）

建筑地址			
建造年份		用途	
层数		高度	
墙体横向总长		墙体纵向总长	
房屋现状	（1）墙体有明显歪闪及严重腐蚀、酥碎		[　　]
	（2）承重墙体及纵横墙交接处有明显裂缝		[　　]
	（3）门窗洞口有明显开裂、变形		[　　]
	（4）外墙尽端门窗洞口有贯通裂缝		[　　]

续表

	(5) 地基有明显的不均匀沉降	[ ]
	(6) 木楼、屋盖构件有明显变形、腐朽或开裂	[ ]
设计规范	[ ] 无　[ ] TJ 11—74　[ ] TJ 11—78 [ ] GBJ 11—89　[ ] DBJ 08-9—92 [ ] GB 50011—2001　[ ] GB 50011—2010	

表 3.3　单层钢筋混凝土柱厂房、空旷房屋调查表

编号：　　简图另附：[ ]（若有则打√，下同）

建筑地址				用途	
建筑年份		建筑面积		吊车吨位	吨
高度		长度		场地类别	
典型混凝土柱截面尺寸					
柱的混凝土标号					
典型混凝土柱承受屋面重量					
围护墙高度				围护墙厚度	
沿墙高设置的圈梁数				屋架下弦到柱底的距离	
有无天窗　[ ]				是否大型屋面板　[ ]	
支撑布置	(1) 屋架上弦	[ ] 无支撑　[ ] 端部开间 [ ] 端部及有柱间支撑的开间			
	(2) 屋架下弦	[ ] 无支撑　[ ] 端部开间 [ ] 端部及有柱间支撑的开间			
	(3) 屋架跨中竖向支撑	[ ] 无支撑　[ ] 端部开间 [ ] 端部及有柱间支撑的开间			
	(4) 屋架两端竖向支撑	[ ] 无支撑　[ ] 端部开间 [ ] 端部及有柱间支撑的开间			
	(5) 天窗两侧竖向支撑	天窗端开间：[ ] 无支撑　[ ] 有支撑 间距：[ ] ≤18m　[ ] ≤30m [ ] ≤42m　[ ] >42m			
	(6) 柱间支撑	[ ] 无支撑　[ ] 单元中有一道柱间支撑 [ ] 单元中有两道柱间支撑			

续表

房屋现状	(1) 混凝土承重构件有明显裂缝、剥落、露筋和锈蚀	[　　]
	(2) 屋盖构件有严重变形、歪斜、开裂和腐蚀	[　　]
	(3) 构件连接处及纵横墙连接处有明显裂缝和松动	[　　]
	(4) 墙体有空鼓、歪斜、开裂和腐蚀	[　　]
	(5) 基础有不均匀沉降	[　　]
设计规范	[　　] 无　[　　] TJ 11—74　[　　] TJ 11—78 [　　] GBJ 11—89　[　　] DBJ 08-9—92 [　　] GB 50011—2001　[　　] GB 50011—2010	

表 3.4　单层砖柱厂房调查表

编号：　　　　　　　　　　　　　　简图另附：[　　]（若有则打√，下同）

建筑名称				建造年代	
房屋高度（m）		房屋长度（m）		砖柱断面尺寸（m）	

2）典型建筑结构精细化有限元分析所需详查数据

在普查、评估建立的结构抗震能力数据库基础上，针对上海典型建筑和抗震能力薄弱的结构类型，选取了 10 栋典型结构进行精细化有限元计算分析，依据弹塑性时程反应分析法的需求，对这 10 栋建筑结构设计图纸、结构计算书、建筑结构现状参数、地震输入数据等信息资料进行详细调查和现场勘查、鉴定。收集到的图纸资料很多，限于篇幅，这里仅以某典型砌体结构的小学教学楼为例，展示其建筑结构平面图，如图 3.1 和图 3.2 所示。

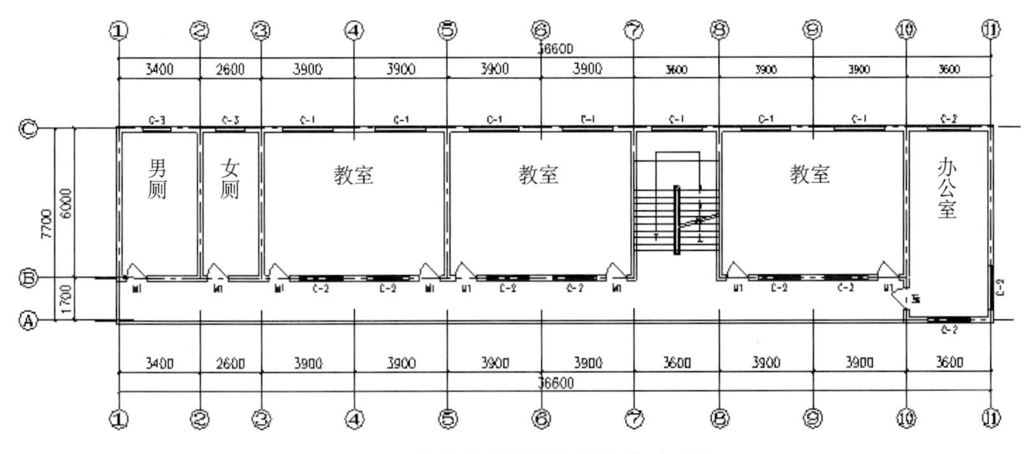

图 3.1　某小学教学楼底层结构平面图

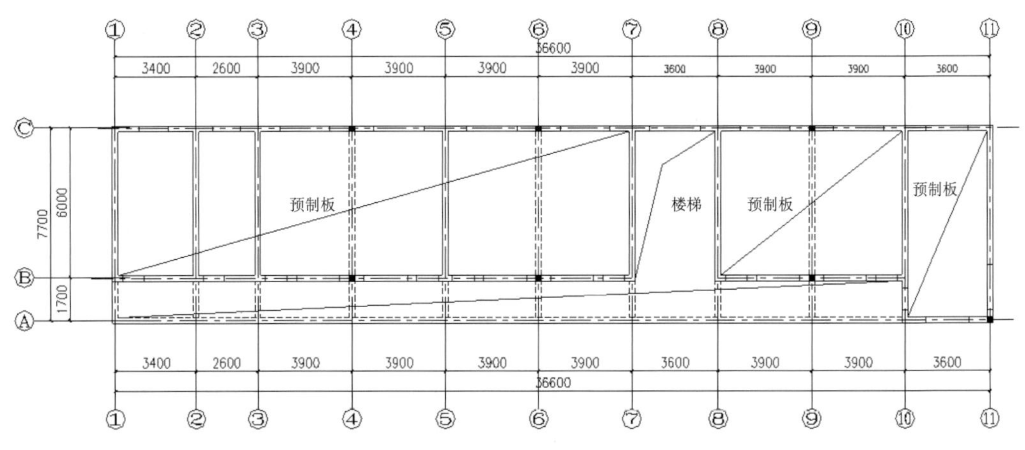

图 3.2　某小学教学楼标准层结构平面图

3.1.2　建筑数据调查原则

为了确保本次建筑数据调查的质量，项目组就数据的质量审核，制定了一套评估原则，主要包括数据完整性、一致性、准确性和及时性等四个方面，对数据质量进行统一审核，确保数据质量。

1. 数据完整性

完整性是指所填报的数据信息是否存在缺失的状况，数据的完整性是评估数据质量最重要的一项指标，数据的缺失将会导致后续建筑抗震能力评估等工作的开展。

2. 数据一致性

一致性是指数据调查时是否采用统一的规范和格式，本次建筑抗震能力数据调查均采用统一的规范和格式，对每栋建筑数据调查时采用标准的编码，在进行数据一致性校验时，只要符合标准编码规则即可。

3. 数据准确性

准确性是指数据记录的信息是否存在异常或错误，是否与实际相符，最为常见的准确性问题是乱码或者数据错误、异常。

4. 数据及时性

及时性指数据更新是否及时和数据分析结果是否及时。由于调查周期过长，会出现前面调查的建筑数据发生变化，要及时更新数据，保证调查数据的时效性。

3.1.3　建筑数据调查工作流程

本次建筑抗震能力数据调查工作流程包括调查准备阶段、数据调查、数据录入、数据核查和校验、数据规范检查等。

1. 调查准备阶段

收集原始资料，包括建筑的地质勘探报告、设计图纸、结构计算书、竣工图纸、工程验收文件、建筑物现状图、宗地总图等。主要通过查询相关档案资料、统计年鉴、摩天大楼网站、测绘院政务版电子地图、遥感影像数据、地震专业资料等方式获取。整理资料进行内业预检，检查外业调查表的数量是否充足、信息是否正确。

2. 数据调查

基础数据调查是对全市每栋建筑物的建筑名称、建筑功能、建造年代、结构类型、结构高度、建筑面积、改造加固情况等信息进行收集、调查；基于结构易损性评估的需要，对浦东新区的建筑物进行了更为详细的抽样调查。调查分析建筑现状与原始资料相符合的程度、施工质量和维护状况，调查信息包括建筑高度、建筑长度、柱截面尺寸、支撑布置、场地类别、结构平面图等详细信息。现场查看底图建筑物轮廓线、地址、楼层、结构、面积、用途、使用情况等信息与原始资料是否一致。如果不一致，需填写外业调查表，在现场实地重新校核，并对调查的建筑物进行勘查、测试、鉴定等。

3. 数据录入

对已有的资料和现场调查的数据录入数据库，包括图形数据录入和属性数据录入。录入的属性数据包括建筑物的详细地址、建造年代、结构类型、建筑面积、建筑功能、结构高度等。录入照片数据等要保证照片的信息与真实建筑物信息匹配一致。

4. 数据核查和校验

在属性信息核查校验过程中，为兼顾核查的效率与成果的质量，选用整体校核和部分校核相结合的方式对调查区域内所有建筑进行核查。根据建筑物的不同功能用途，按建筑功能分为居住建筑（细分农居和石库门两小类）、行政办公建筑、商业建筑、中小学、大学院校、医院、养老院、工业建筑、大型场馆等类型。其中学校、医院和超高层结构等重要建筑采用逐栋校核的方式，其他采取抽样校核方式，即选择某区域中的典型建筑，以点带面，从而提高数据核查效率，抽样数据量按照要求不低于该区域的20%。

鉴于项目涉及整个上海地区，核查的工作量非常庞大，考虑到人员和时间的限制，采用随机抽取部分区域的方式进行现场外业核查，对在核查过程中发现的错误或缺失信息，及时进行更正和补录操作。

在空间数据的核查过程中，基于空间数据元数据描述，采用元数据中的检查规则和空间数据引擎对空间要素和非空间要素所存在的错误和误差进行核查，核查主要关注数据完整性、属性精度、空间精度、逻辑一致性四个方面的内容。利用ArcGIS软件平台，对空间数据的编码、分层、拓扑、图属不一致、逻辑错误以及人为错误等问题进行检查及修改，以此提高空间数据质量，保证单栋建筑空间分布的准确性。由于项目所涉及的建筑数据量非常庞大，而且核查人员、经费及时间有限，不能保证核查的结果完全准确，但项目组在有限的资源范围内，力争提高核查工作的质量。

5. 数据规范检查

由于内业工作量较大，工作人员难免会产生一些遗漏和差错，为了避免这些问题，在完成上述工作后又对录入的数据进行了检查。检查内容包括建筑物面积核查、图形属性一致性检验、建筑物属性信息是否属实等。

3.1.4　数据库设计与数据入库

1. 数据库设计

上海市建筑抗震能力调查评估涉及海量的数据，其类型多样，信息复杂，需要进行分门别类管理，人工难以很好地整合利用。绝大多数基础资料是地图和海量的调查统计资料，如调查表信息、照片等，需要对全市调查数据进行多类别、全方位的信息处理、计算、分析、对比。因此建立建筑抗震能力基础数据库是调查评估的客观需要，通过数据库可以实现图形、表格、图像、文档资料的一体化管理。

项目组基于 Oracle 建立上海建筑抗震能力数据库，数据库设计过程中要遵循以下几点原则：

1）数据的标准性

数据库的设计不仅要遵循数据库设计的软件行业标准，还需遵循国家、行业和地方标准及行业的习惯性事实标准，以方便数据交流及功能的实行。

2）数据的实用性与完整性

数据库的设计充分考虑在后续使用中的特点，按照系统规模和实际需求，遵循“先进性与实用性并重”的原则，保证数据的实用性；数据完整性用来确保数据库中数据的准确性，一般是通过约束条件来控制的。约束统计可以检验进入数据库中的数据值、以防止重复或冗余的数据进入数据库，一次确保数据的完整性。

3）数据的独立性和扩展性

尽量做到数据库中的数据具有独立性，独立于应用程序，使数据库的设计及其结构的变化不影响程序，反之亦然。另外，根据设计开发经验，需求分析再详细，使用人员所提的需求也不可能全面提出，业务也是在变化的，所以数据库设计要具备其扩展性能，使得系统增加新的应用或新的需求时，不至于引起整个数据库结构大的变动。

4）数据的安全性

数据库是整个信息系统的核心和基础，数据库的设计务必确保安全性。通过设计合理有效的备份及恢复策略，保证数据库因天灾或人为因素等导致系统破坏时，使用者能做最短的时间内恢复数据；通过做好对数据库访问的授权设计，保证数据不被非法访问。

5）数据分级管理机制

根据系统访问角色，将用户分成领导决策分析用户、系统管理用户、运行浏览用户和运行调度用户等几个角色，分别赋予角色访问数据的权限和使用系统功能的权限，严格控制角色登录，实现数据的分级管理。

6）统一考虑空间、属性、设施、模型数据的兼容性

设计数据库时应充分考虑数据采集、数据入库、数据应用的紧密结合，便于在空间数据的基础上进行设施及相关属性的考虑；空间数据格式设计时充分考虑与模型所需数据的结合，利于模型数据直接使用空间及设施的相关数据。

2. 数据入库

数据分类整理入库包括：建筑基础信息、不良地震地质图层数据、基础地理数据、多媒

体资源、档案资源等。

建筑基础信息的入库是根据建筑主要结构类型特征描述和分类规则编写数据分析 Python 脚本，对获取的建筑数据进行自动化判别，随后对程序执行结果进行人工复核，并按照建筑功能、结构类型、结构高度、建造年代等相关属性对建筑数据进行分类整理，分层存储；不良地震地质图层数据信息入库主要包括隐伏断层、液化土层数据；基础地理信息入库包括地形成果数据和遥感影像数据等；多媒体资源信息入库包括建筑相关的影像、照片等资料入库；档案资源入库包括记录建筑相关的地质勘探报告、设计图纸、结构计算书、竣工图纸、工程验收文件、建筑平面布置图、宗地总图等资料。

3.2　地震地质资料收集

3.2.1　大地构造环境

上海市范围主要位于扬子地台，南侧以江山—绍兴断裂带为界与华南褶皱系相邻（图 3.3）。

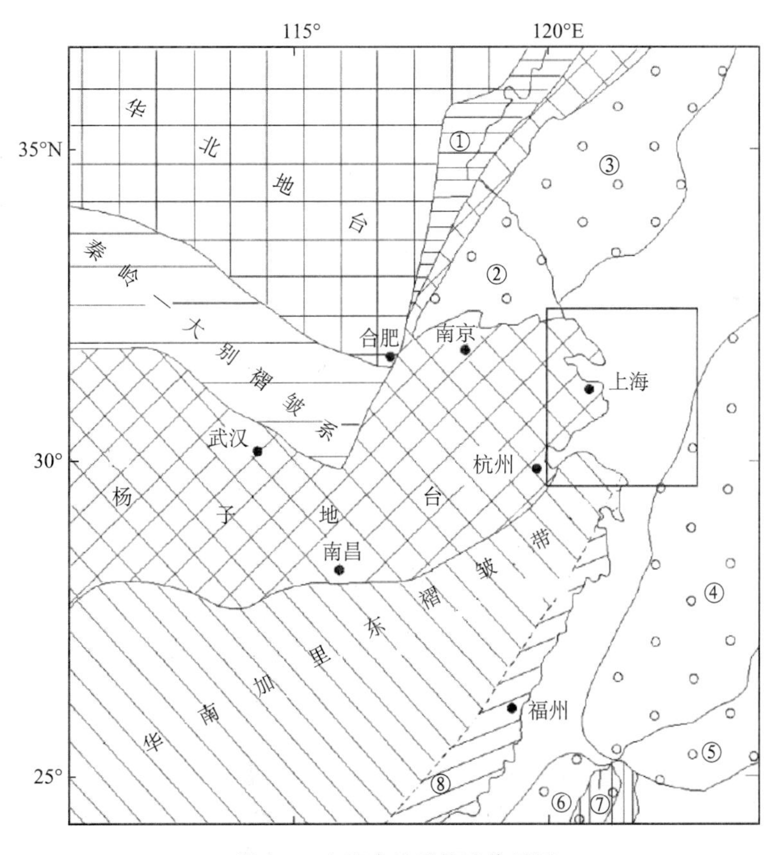

图 3.3　上海市地质构造位置图

①苏胶褶皱带；②苏北盆地；③南黄海盆地；④东海盆地；⑤冲绳海槽盆地；⑥台西盆地；⑦台湾褶皱带；⑧东南沿海褶皱带

上海市位于扬子准地台东缘，现代构造作用和地震活动较弱。自元古代以来经历了地槽—地台—陆缘活动三大发展阶段，这在沉积作用、岩浆活动及地质构造等方面都有显示。扬子准地台为两套变质岩系组成的双层式褶皱基底，震旦纪以后为地台型沉积，并分为两大套，第一套为震旦系—志留系，广布地台全区。第二套为泥盆系—中三叠统。扬子准地台经过晋宁运动后由地槽转为地台。震旦纪—三叠纪地壳活动以振荡运动为主。晚三叠世以来，经历了多次强烈的构造运动。第一次为印支运动，第二次为燕山运动，第三次为喜马拉雅运动。这些构造运动使扬子准地台发生了强烈褶皱、断裂和岩浆活动，形成以北东—北东东向为主兼有北西向的褶皱和断裂构造带。

华南褶皱系的基底由两套变质岩系组成，盖层为一套浅变质的地台型沉积岩系。在志留纪末的晚加里东运动后转为地台，并与扬子准地台合并。泥盆纪—中三叠世地壳活动以振荡运动为主。晚三叠世以来，进入大陆边缘活动带发展阶段。印支运动使泥盆系—三叠系沉积盖层全面褶皱，形成以北东向为主兼有北西向的褶皱和断裂构造带，并伴有岩浆活动。燕山运动以大规模中酸性火山喷发和岩浆侵入为特点，形成著名的东南沿海火山岩带和花岗岩岩基。喜马拉雅运动以缓慢差异隆升运动为主，沿海地区裂陷下沉。

经过晋宁期和加里东期造山运动后，两大块体先后褶皱回返，结束地槽发展阶段，形成以北东向为主的褶皱和断裂。印支、燕山和喜山期为陆缘活动阶段，进入了构造活化和改造时期，以断块活动为主形成北东—北北东向成条、北西向切块的“条块状”构造格局 。华南褶皱系的基底亦由两套变质岩系组成，分别是前震旦变质岩系和震旦—志留变质岩系。志留纪末的晚加里东运动转为地台，沉积了泥盆系—中三叠统。

3.2.2 地质构造演化概况

总的说来，自中元古代起，地壳构造的形成和发展经历了神功、晋宁、加里东、华力西—印支、燕山和喜马拉雅六个构造旋回，构成地槽、地台和地槽并存、拼合地台和活动大陆边缘构造带四个演化阶段，最终造就了现今的区域地质构造格局。

1. 神功旋回

中元古代，扬子处于构造活动强烈的地槽发育阶段，扬子地区堆积了巨厚的火山—沉积岩系，末期的神功运动使“扬子地槽”东南缘首先褶皱回返，地槽沉积层褶皱隆起，并伴以绿片岩相变质，成为陆壳雏形。

2. 晋宁旋回

神功运动使扬子地槽内部古地理和古构造出现明显分化。一方面形成稽山—龙门山岛区，另一方面在其西北边形成深坳陷。晋宁期在这两种不同类型的构造区发育了地台基底的第二套构造层，其中坳陷区是厚逾万米的砂泥质复理石建造和细碧—角斑岩建造。与此同时，浙东南地槽继续发育，沉积了杂砂岩、粉砂岩、泥岩等细碎屑岩为主的夹碳酸盐岩、凝灰岩、玄武岩及细碧岩等复杂岩性的碎屑岩—火山岩建造。末期的晋宁运动，不但使扬子地槽褶皱回返，形成扬子地台的结晶基底，而且牵动了其东邻华南地槽的西北缘和北端首先褶皱隆起，同时使巨厚的沉积层发生区域动力变质。

3. 加里东旋回

扬子地台基底形成之后，开始了地台盖层发展阶段，而华南地槽除北端的西北缘可能隆起为古陆外，仍继续其地槽发育历史。震旦纪—志留纪，扬子地台由于基底固结程度较低及华南地槽活动的影响，因而仍保持有相当的活动性，盖层沉积厚，且具非地台稳定型沉积的特征。华南地槽的西北边缘向南退缩，地槽中沉积层自下而上是泥砂质岩为主夹含砾砂岩、含铁石英岩及少量中基性火山岩；细碧岩—石英角斑岩、细碧质玄武岩夹杂砂岩；杂砂岩夹泥质白云质灰岩。华南地槽内分布有古中华陆块。志留纪末期的加里东运动使华南地槽褶皱回返，形成一系列北东向紧密线性褶皱，同时伴以变质和岩浆活动。在扬子地台，加里东运动仅表现为差异性隆升，并伴有少量宽缓褶皱和断裂活动。至此，浙东南褶皱带与扬子地台完全拼接连成为统一的大陆。

4. 华力西—印支旋回

经加里东运动，扬子地台基底得到进一步固化，陆壳增厚，稳定性明显增强。泥盆纪—中三叠世，该区在加里东运动形成的北东向宽缓隆起、坳陷的基础上，沉积了厚约2000m单陆屑建造、碳酸盐建造及含煤碎屑岩建造，组成地台的第二套盖层。浙东南褶皱带发育有碳酸盐及含煤陆屑建造等组成的地台盖层。中三叠世末，以强烈断褶作用为主的印支运动席卷了整个地区，不仅形成北东走向为主的台褶带，从而结束了地台发育的历史，而且使我国东部古构造格局和古地理环境发生了根本性变化。

5. 燕山旋回

印支运动之后，工作区乃至我国东部进入了活动大陆边缘构造发育的新阶段。此阶段以多次剧烈的断块活动及大规模的多旋回岩浆活动为主要特征，从而不仅极大地改变了先存的构造格局，而且还造就了多期多层次、多类型的构造盆地及多次叠加的反转构造，成为陆缘活动阶段地质构造的一大特色。其构造运动的性质，具有大致以北西—南东向拉张—挤压交替变化的特点。地壳拉张，受北北东、北东和近东西向断裂控制形成断陷盆地和断块隆起，发育陆相碎屑岩、含煤碎屑岩和火山岩等建造；地壳挤压，构造反转，盆地消亡，地层褶皱并产生逆断裂，同时伴以中—酸性岩浆侵入。

6. 喜马拉雅旋回

到新生代，主要表现为间歇性抬升为主的构造运动。除工作区西北部杭嘉湖地区和杭州湾一带形成北东东向断陷和拗陷盆地及东南部东海陆架裂陷盆地发育外，其他地区基本处于隆起剥蚀状态。东海陆架盆地区发育以滨海相为主兼有冲—洪积的陆相沉积。

3.2.3　新构造特征

新构造运动系指新近纪以来的地壳运动。它不仅塑造了现今的构造地貌景观，奠定了区域活动构造格局，而且现代地震活动也与之关系密切。新构造运动比较活跃，它不仅反映在地层发育、构造和岩石变形变位上，而且也可通过地貌形态和火山活动等表现出来。

1. 地貌特征

上海市范围内包括了长江下游平原和东海大陆架两种地貌类型，以堆积作用为主，岩性主要有粉砂、砂土、黏土、粉质黏土等。长江下游平原地形平坦，水系发育，河网纵横交错，湖泊星罗棋布，海拔高度5~30m。上海市紧靠东海，成陆较晚，全区地势低平，大部分地区标高在3.5~4.5m（图3.4）。

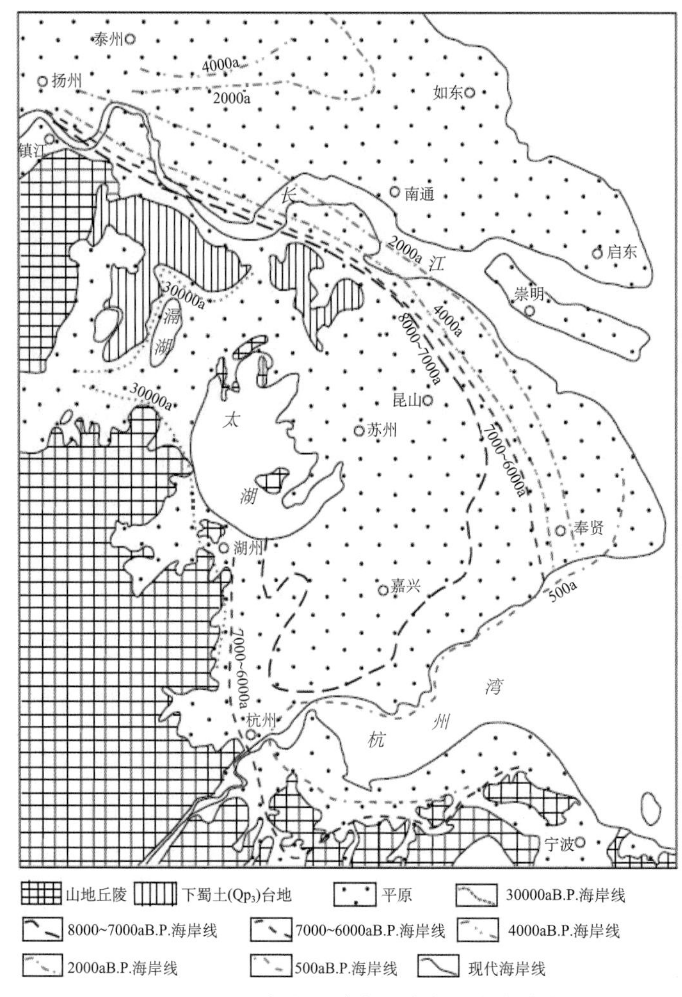

图 3.4　长江三角洲地貌类型分布和海岸线变迁
（据杨达源等 2006 年资料改编）

按照地貌形态、时代成因、沉积环境和组成物质等方面差异，地貌形态进一步可分为滨海平原、湖沼平原、潮坪、河口砂嘴砂岛。滨海平原是由长江下泄的泥沙在径流、潮流作用下沿东海沿岸沉积而成；湖沼平原是位于滨海平原以西，在湖沼环境下沉积而成；潮坪主要分布在长江北支入海滩面潮间带；河口砂嘴砂岛位于东部及东北部长兴岛、崇明等岛屿，由长江下泻的泥沙在径流、潮流作用下沉积而成三角洲的陆上部分。

2. 新生代地层

参考《上海市第四纪地层与沉积环境》和《上海市区域地质志》，新生代地层叙述如下：

1）新近系崇明组（N_2c）

灰绿、黄绿色黏土、粉质黏土夹粉土，厚度大于 6m。

2）第四系更新统（$Qp_{1\sim3}$）

上海市地表为第四系覆盖，自更新统至全新统均很发育，由下至上可将更新统划分为下更新统（Qp_1），中更新统（Qp_2），上更新统（Qp_3）。

（1）下更新统（Qp_1）。

分为洙泾组。洙泾组上段为杂色黏土、粉质黏土夹细砂、中细砂，多钙质、铁锰质结核，厚度 5～45m；下段为褐黄、灰白色细砂、中细砂、含砾中粗砂，厚度 10～50m。

（2）中更新统（Qp_2）。

分为宝山组和嘉定组。宝山组上部黄灰色粉细砂，中部灰色粉砂，下部灰色中细砂、砂砾石，厚度 8～36m。嘉定组上段为灰绿色灰色黏土，厚度 4～10m；中段为灰色细砂、含砾中粗砂、砂砾石，厚度 10～34m；下段为灰、灰褐色粉质黏土夹细砂，厚度 8～24m。

（3）上更新统（Qp_3）。

分为川沙组和南汇组。川沙组为浅灰色细砂、含砾中粗砂，厚度 12～33m。南汇组上段暗绿、褐黄色硬黏土，顶部有泥炭，厚度 3～8m；中段为深灰色粉质黏土、细砂互层，厚度 25～50m；下部为灰、灰绿色粉质黏土，厚度 3～10m。

3）第四系全新统（Qh）

上海组西南上段为褐黄、灰褐色，顶部有绿色硬黏土，东北部黄、灰色粉土、粉细砂互层，厚度 5～11m；下段为暗棕色、灰黑色淤泥质黏土、粉质黏土夹薄层粉细砂，含贝壳，厚度 5～20m。

3. 基岩概况

上海市基岩的主体是晚侏罗纪时期形成的火山碎屑岩和火山沉积岩，以及后期侵入其间的中酸性为主的岩浆岩体。这一现象表明，上海市在中生代晚期和浙江东部以至我国东部沿海地区处在相同的构造环境之中。区内存在由前震旦金山群、震旦纪灯影组以及下古生界灰岩类组成的老地层单元及由白垩系和古近系红层组成的较新的地层单元。无论是老的还是新的地层，分布零散，层序揭露不完整。

4. 新构造运动特点

古近纪，海陆运动发生明显分野，陆区在大面积隆起背景上出现规模较小的盆地，这些盆地主要由北东方向的构造控制，北西和近东西向构造也起一定的制约作用。该时期的最大沉积厚度可达 2552m。海域部分由诸多北东向凹陷组成凹陷带，以沉降运动为主，古近纪以来的沉积物厚度超过 4000m。

新近纪，陆区在经历大面积隆起基础上有局部断陷盆地出现，但范围局限。海域部分则发生大规模坳陷作用，新近系和第四系与前期沉积物呈明显超覆关系，区域内新近系与第四系厚度可达 1100m。

第四纪以来，本区曾发生过 7 次海侵，其中早全新世的海侵规模最大，海岸线直抵茅山东麓。该时期，长江下游地区发生大面积沉降作用，沉积物最大厚度超过 300m。

本区的新构造运动具有三个基本特征。

（1）不同方向的块断活动，区内北东、东西和北西向断裂构成研究区新构造的基本格局。北东向构造规模大，延伸较长，控制了区域山体走向、残山系列、海岸线，以及一些山地和盆地界线，它们一般切穿基底或盖层。东西向构造也具一定规模，它使局部第四系等厚线呈东西向。北西向断裂规模小，但常常切割北东和东西向断裂。总的来说，北东和东西向断裂形成时间较早，是新构造时期的继承性构造，北西向断裂形成较晚，是新构造时期的新生性构造。

（2）大面积的掀斜升降运动和局部差异运动。区内长江三角洲平原新构造时期发生自西南向东北的掀斜沉降作用，在东部滨海平原和长江口地区，第四系厚度可达 300～500m。江阴—常熟—昆山一线以西的杭嘉湖平原地区，是掀斜隆升和掀斜沉降运动的过渡地带，出露大量 50～500m 的低山和残丘。

海区的掀斜沉降运动发生在大规模的坳陷边缘，黄海南部坳陷和东海北部坳陷新近系—第四系的厚度分别自西南向东北和自西向东朝着坳陷盆地的中心逐渐增大。

局部差异运动多发生在平原地区的第四纪凸起和凹陷交界附近。这里常常是北东、东西和北西向断裂通过的部位，如海安、上海、海宁等，这些凹陷中的第四系厚度可达 200～300m。

（3）新构造运动强度总体偏弱。本区隆起和沉降区域之间，以范围较大的构造过渡带形式转换，不存在大规模强烈差异运动的构造带。在地貌上，大量低山和残丘分布在新构造过渡带——杭嘉湖平原沉降区之上，而且杭嘉湖平原南部的山前带，既受断裂作用影响，同时又受山体隆升侵蚀作用影响，一些地段侵蚀作用甚至占绝对优势。

第四纪中、晚期，地貌演化已明显不受构造制约。长江古河道的南北迁移和杭嘉湖平原上的古河道变迁，已经摆脱了断裂构造的控制，外动力作用成为现代河道演变的主要原因。中全新世以来，本区海岸线只在 2～8km 变动。表明海平面属于水动型变化，非地壳运动引起，河流堆积作用造成海岸快速淤涨。

5. 主要断裂及其活动性鉴定

上海市内断裂构造较为发育，但多数发育于前寒武纪和古生代，经中、新生代构造运动进一步被强化和改造，新近纪以来活动性明显减弱。而北西向断裂形成时代晚，切割浅，规模相对北东向断裂要小，新近纪以来活动性明显。上海行政区内断裂性质一览表见表 3.5。

表 3.5　上海行政区内断裂性质一览表

序号	编号	断层名称	长度（km）	产状			性质	推测活动年代
				走向（°）	倾向	倾角（°）		
1	F_1	太仓—陈家镇断裂	90	70～80	N	40～60	正	Qp_1
2	F_2	南通—上海断裂	80	335	SW	65～75	正	Qp_1—Qp_2
3	F_3	太仓—奉贤断裂	80	330	NE	60～80	正	Qp_1
4	F_4	昆山—嘉定断裂	78	75～80	S	75～80	正	Qp_1
5	F_5	千灯—黄渡断裂	70	70～80	N	50～55	正	Qp_1
6	F_6	芦墟—青浦—龙华断裂	34	70～80	S	55～80	正	Qp_1

续表

序号	编号	断层名称	长度（km）	产状			性质	推测活动年代
				走向（°）	倾向	倾角（°）		
7	F_7	枫泾—川沙断裂	80	60~70	SE	60	正	Qp_1—Qp_2
8	F_8	卖花桥—吴泾断裂	38	300	SW	70	正	Qp_1
9	F_9	马桥—金汇断裂	18	290	NE	70	正	Qp_1
10	F_{10}	张堰—南汇断裂	50	60~70	SE	40~65	正	Qp_1—Qp_2
11	F_{11}	廊下—大场断裂	60	25	SE	55~65	正	Qp_1
12	F_{12}	葛隆—南翔断裂	25	300	SW	60~80	正	Qp_1
13	F_{13}	湖州—苏州断裂	15	50	SE	55~65	正	Qp_1

第4章　地震危险性分析

4.1　地震危险性分析计算方法

CPSHA是《中国地震动参数区划图》（GB 18306—2015）编制中所采用的地震危险性概率分析方法。该方法假定潜在震源区地震活动性满足：

（1）地震统计区内地震活动的震级分布满足截断的G-R关系。

（2）地震统计区内地震发生满足泊松分布。

（3）地震统计区内地震活动在不同潜在震源区之间为不均匀分布，而在潜在震源区内地震活动则满足均匀分布。

根据上述3个假定，建立了地震统计区潜在震源的地震活动性模型。

（1）CPSHA假定地震统计区内地震活动在空间和时间上都是不均匀的，且未来地震发生的时间、大小、地点都是不确定的。CPSHA利用分段泊松模型描述地震统计区内地震发生时间。令地震统计区的震级上限为m_{uz}，震级下限为m_0，t年内$m_0 \sim m_{uz}$地震年平均发生率ν_0，ν_0由未来的地震活动趋势来确定，则地震统计区内t年内发生n次地震的概率：

$$P_{nt} = \frac{(\nu_0 t)^n}{n!} e^{-\nu_0 t} \tag{4.1}$$

地震统计区内未来发生地震的大小遵从修正的震级频度关系，相应的震级概率密度函数为：

$$f(m) = \frac{\beta \exp[-\beta(m - m_0)]}{1 - \exp[-\beta(m_{uz} - m_0)]} \tag{4.2}$$

式中，$\beta = b\ln 10$，b为震级频度关系（$\lg N(M \geq m) = a - bM$）的斜率。实际工作中，震级m分成N_m档，m_j表示震级范围为$(m_j - \Delta m/2,\ m_j + \Delta m/2)$的震级档。则地震统计区内发生在$m_j$档内地震的概率：

$$P(m_j) = \frac{2}{\beta} \cdot f(m_j) \cdot \mathrm{sh}\left(\frac{\beta \Delta m}{2}\right) \tag{4.3}$$

（2）在地震统计区内划分潜在震源区，并以潜在震源区的空间分布函数 $f_{i,\,m_j}$ 来反映各震级档地震在各潜在震源区上分布的空间不均匀性，而潜在震源区内部地震活动性是一致的。假定地震统计区内共划分出 N_S 个潜在震源区。

（3）根据分段泊松分布模型和全概率公式，地震统计区内部发生的地震，影响到场点地震动参数值 A 超越给定值 a 的年超越概率为：

$$
\begin{aligned}
&P_k(A \geqslant a) \\
&= 1 - \exp\left\{ -\frac{2v_0}{\beta} \cdot \sum_{j=1}^{N_m} \sum_{i=1}^{N_S} \iiint P(A \geqslant a \mid E) \cdot f(\theta) \cdot \frac{f_{i,\,m_j}}{S_i} \cdot f(m_j) \cdot \mathrm{sh}\left(\frac{1}{2}\beta\Delta m\right) \mathrm{d}x\mathrm{d}y\mathrm{d}\theta \right\}
\end{aligned}
\tag{4.4}
$$

S_i 为地震统计区内第 i 个潜在震源区的面积，$P(A \geqslant a \mid E)$ 为地震统计区内第 i 个潜在震源区内发生某一特定地震事件（震中（x，y），震级分布在（$m_j - \Delta m/2$，$m_j + \Delta m/2$），破裂方向 θ）时，依据地震动参数衰减关系确定的场点地震动参数值 A 超越给定值 a 的概率，$f(\theta)$ 为破裂方向的概率密度函数。

（4）若 N_z 个地震统计区对场点有影响，则综合所有地震统计区的影响得到：

$$
P(A \geqslant a) = 1 - \prod_{k=1}^{N_z} [1 - P_k(A \geqslant a)] \tag{4.5}
$$

在地震危险性分析模型中，所用到的大多数参数或关系式都是由统计方法所获得。如潜在震源区的划分、反映地震活动性的 b 值、年发生率 ν_0 值及地震动参数衰减关系的确定等，都存在一定程度的不确定性。这种不确定性必然会影响地震危险性概率计算结果，为减小参数及统计关系不确定性对计算结果的影响，需要对概率危险性计算结果进行不确定性校正。假定地震动峰值加速度衰减关系的离散性符合对数正态分布，CPSHA 中给出的对工程场地地震危险性概率计算结果校正公式为：

$$
P_{\text{校}}(A \geqslant a) = \frac{1}{\sigma\sqrt{2\pi}} \int_{-3\sigma}^{3\sigma} P_k(A \geqslant a \cdot \mathrm{e}^{-\varepsilon}) \cdot \mathrm{e}^{-\frac{\varepsilon^2}{2\sigma^2}} \mathrm{d}\varepsilon \tag{4.6}
$$

上述校正已纳入最终计算结果中。

4.2　潜在震源区划分

判别与划分潜在震源区是地震危险性分析中的一项重要基础工作，起到连接地震、地质和地球物理基础数据与地震危险性分析之间桥梁的作用。

4.2.1 潜在震源区的三级划分

潜在震源区划分将直接采用国标 GB 18306—2015《中国地震动参数区划图》中三级划分原则进行，即地震区带划分、地震构造区划分和潜在震源区划分。

（1）地震区是指区域地震活动性、现代构造应力场、地质构造背景及现代地球动力学环境相类似的区域。具体划分原则为：地震活动性相似，即地震区内地震活动的强弱程度大致相近、地震活动的似周期性大致相同，区域现代构造应力场和现代构造变形特征相似，新构造活动性相似，区域大地构造、地壳结构和地球物理场相似的区域。

地震带是指地震区内的次级地震统计区域，通常指地震集中成带或密集分布、由一条大的活动构造带或一组现代构造应力条件和变形条件相似的构造带所控制的地带。地震带划分原则：在地震区内划分出具有不同构造背景、不同地震活动特征的地带，并满足确定地震活动性参数的要求。

（2）地震构造区是指在现今地球动力学环境下，地震构造环境和发震构造模型一致的地区。地震构造区的划分是在地震区、带内划分的基础上进行的，其划分原则：需要在考虑构造活动性与研究程度的差异的基础上，通过区域新构造运动特征研究，依据不同地区新构造整体特征差异，第四纪以来构造活动特征尤其是晚第四纪以来构造变形，并结合布格重力异常、均衡重力异常等地球物理场差异及发震构造条件等综合研究进行，进而区别出地震带内发震构造模型不同的地区，以利于构造类比判定潜在震源区；区别出地震带内背景地震不同的地区。

（3）潜在震源区是指未来可能发生破坏性地震的震源所在地区，潜在震源区划分需要确定其边界位置和震级上限等，将在地震区带和地震构造区内进行，其边界不跨越地震构造区的边界。

4.2.2 潜在震源区划分原则

潜在震源区是指未来具有发生破坏性地震潜在可能的地区。目前，划分潜在震源区主要依据地震重复和地震构造类比两条原则。

（1）地震重复性原则：认为历史上发生过破坏性地震的地方，将来仍有可能发生类似的地震。历史地震的地点和强度是估计未来潜在震源区的重要依据之一。一般情况下，各潜在震源区震级上限不应低于区内最大历史地震震级，在历史地震记载比较充分的情况下，可以历史上发生的最大震级作为震级上限，在历史地震资料不完整的地区，可考虑历史地震最大震级加半级作为震级上限。此外，还需要研究近期的地震活动性，通过近期强震活动以及相关的小震活动和图像特征分析，以增加判定潜在震源区的依据。

（2）地震构造类比原则：地震构造条件相同地区，其发生地震的可能性也相似。这些地区历史上虽然没有破坏性地震记载，但与已发生过破坏性地震的地区构造条件类似，也划为潜在震源区。此外，活动断裂的分段性及古地震遗迹均是划分潜在震源区的重要基础资料。

潜在震源区边界和宽度的确定，一般是依据活动断裂的展布范围、几何特征、力学性质、产状、断陷盆地范围等进行圈定。同时还应考虑历史地震、古地震等资料，大震后余震分布范围以及现今小震分布范围。潜在震源区长度或分段边界是以断裂结构、活动强度的差异，地震地表破裂带的展布和中止位置来确定的。

4.2.3　潜在震源区划分标志

根据对研究区中等及其以上地震构造背景、地震地质以及发震构造认识等研究结果，提出划分潜在震源区的具体标志为：

1. 震级上限为 7.5 级潜在震源区

（1）晚更新世以来，尤其是全新世以来发生过明显活动的各种性质的断裂带。

（2）发生过 7.0~7.5 级地震的断裂带。

（3）不同方向断裂的交会部位。

（4）中型新生代隆起和断陷的边界断裂带，地震构造带总长度在 300km 以上的区域性断裂带，发震构造段的长度大于 70km。

2. 震级上限为 7.0 级潜在震源区

（1）晚更新世以来发生过明显活动的各种性质的断裂带。

（2）发生过 6.5~7.0 级地震的断裂带。

（3）不同方向断裂的交会部位。

（4）中型新生代隆起和断陷的边界断裂带，地震构造带总长度在 300km 以上的区域性断裂带，发震断层段的长度大于 30~40km。

3. 震级上限为 6.5 级的潜在震源区

（1）发生过 6.0~6.4 级地震。

（2）晚更新世有过活动断裂。

（3）两组或多组区域性早、中更新世断裂交会部位，且历史上发生过 5.5 级左右地震。

（4）有趋势预报或长期地震预报为 6 级左右地震的地区。

4. 震级上限为 6.0 级的潜在震源区

（1）发生过 5.5~5.9 级地震。

（2）早、中更新世有过活动的区域性断裂，且历史上发生过 5 级左右地震或现代小震较为活跃。

5. 震级上限为 5.5 级的潜在震源区

早、中更新世有过活动的断裂，且历史上发生过≤5.0 级地震或有现代小震分布。

凡是具有上述条件之一者，均可划分为相应潜在震源区。

4.2.4　潜在震源区的划分结果

根据上述潜在震源区的划分原则和标志，在五代区划图潜在震源区划分方案的基础上，重点对区域范围内潜在震源区进行了研究分析工作，并结合现有资料成果，在上海及邻近海域范围内共划分出 49 个潜在震源区（含背景源）（图 4.1、图 4.2），其中震级上限 7.5 级潜在震源区 3 个，震级上限 7.0 级潜在震源区 5 个，震级上限 6.5 级潜在震源区 9 个，震级上限 6.0 级潜在震源区 16 个，震级上限 5.5 级潜在震源区 2 个。震级上限 6.0 级的背景源 3 个，震级上限 5.5 级的背景源 6 个以及震级上限 5.0 级的背景源 5 个。上海市及邻近范围内潜在震源区编号、名称、震级上限如表 4.1。

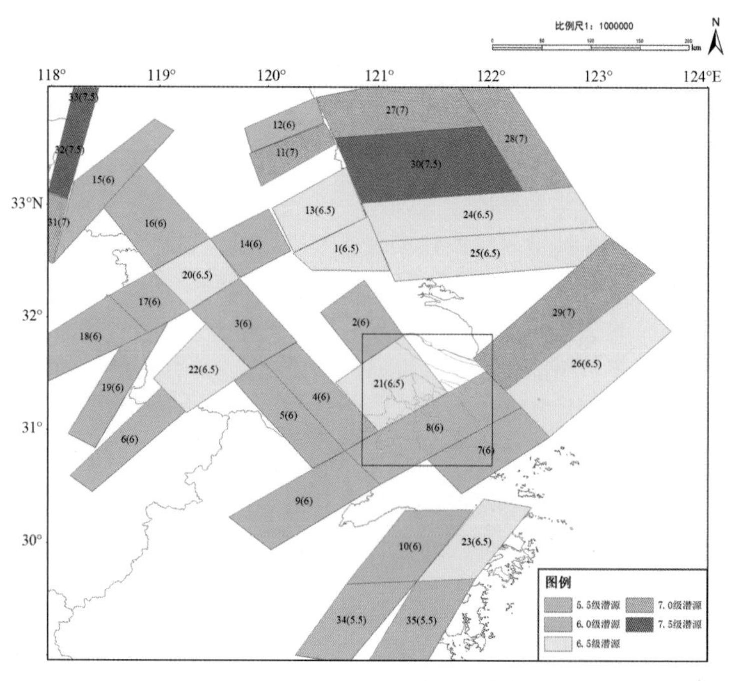

图 4.1 上海市及邻近范围的区域潜在震源区分布图

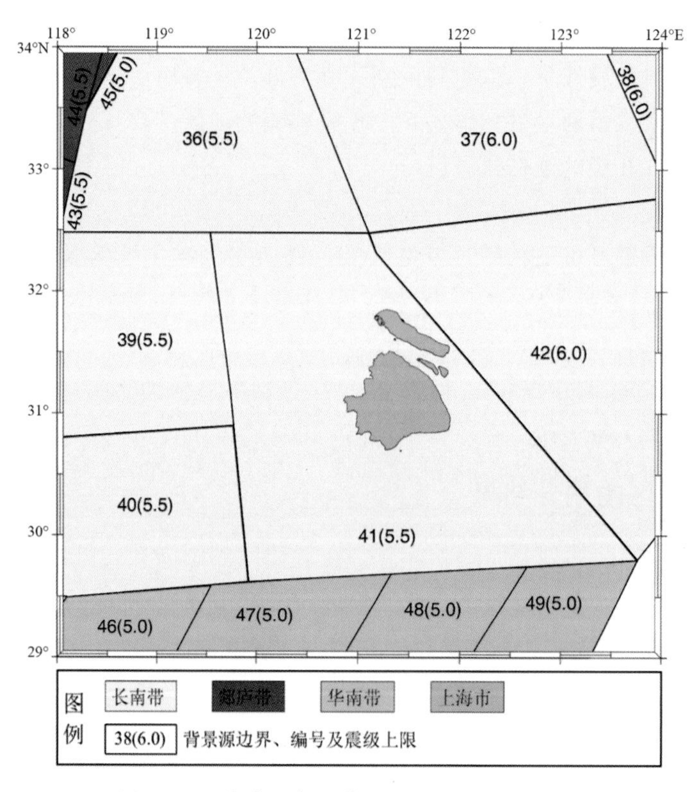

图 4.2 上海市及邻近范围的区域背景源分布

表 4.1 潜在震源区划分一览表

地震带	编号	名称	震级上限	地震带	编号	名称	震级上限
长江下游—黄海地震带	1	海安	6.5	长江下游—黄海地震带	26	长江口	6.5
	2	南通	6.0		27	射阳海外	7.0
	3	常州	6.0		28	南黄海	7.0
	4	苏州	6.0		29	长江口外	7.0
	5	宜兴	6.0		30	大丰海外	7.5
	6	宣城	6.0		36	背景源	5.5
	7	杭州湾北缘	6.0		37		6.0
	8	上海	6.0		38		6.0
	9	杭州	6.0		39		5.5
	10	余姚	6.0		40		5.5
	11	盐城	7.0		41		5.5
	12	射阳	6.0		42		6.0
	13	东台	6.5				
	14	泰州	6.0	郯庐地震带	31	明光	7.0
	15	淮安	6.0		32	泗洪	7.5
	16	天长	6.0		33	宿迁	7.5
	17	南京	6.0		43	背景源	5.5
	18	巢湖	6.0		44		5.5
	19	芜湖	6.0		45		5.0
	20	扬州	6.5	华南沿海地震带	34	新昌	5.5
	21	昆山	6.5		35	宁海	5.5
	22	溧阳	6.5		46	背景源	5.0
	23	宁波	6.5		47		5.0
	24	东台海外	6.5		48		5.0
	25	勿南沙 1	6.5		49		5.0

4.3 地震活动性参数的确定

目前所用的地震危险性分析方法，假设地震活动符合泊松模型，大小地震之间满足 G-R 震级频度关系。这样，要求地震活动性参数必须反映地震活动在空间及时间上的规律性。

为合理反映区域内地震活动在空间与时间分布上的非均匀性，采用两级原则确定地震活动性参数。第一级确定地震统计区活动性参数，不同地区孕震条件与地震时、空活动特征差异由此反映；再第二级确定各潜在震源区的参数，由此反映地震带内地震活动的空间非均匀性。

地震带的地震活动性参数指震级上限 M_{uz}、起算震级 M_0、震级频度关系式中的 b 值、采用“泊松模型”描述地震活动过程所需的地震年平均发生率 ν。为了恰当地把地震带的年平均发生率分配到每个潜在震源区去，还要确定在地震带内各潜在震源区的空间分布函数 f_{i,m_j}，以及各潜在震源区等震线椭圆长轴走向分布函数 $f_i(\theta)$。

4.3.1　确定地震活动性参数的原则

（1）以地震带作为基本统计单元。

目前使用的地震危险性分析方法要求地震活动需符合泊松模型，大小地震之间的频次关系需满足修正的古登堡-李克特震级频度关系式，即地震活动在空间和时间上的群体性需由研究中所确定的地震活动参数反映。由于在空间上地震带内地震活动同属于一个最新活动带控制，具有相似性构造成因，在时间过程地震活动也有一定规律性。因而以地震带作为确定地震活动性参数的基本统计单元。

（2）需保持地震事件的独立性和随机性，消除大地震余震和群震活动带来的影响。由于大地震序列中的前震、主震和余震之间不是独立的随机事件，因此应尽可能删除前震和余震。在一些特定地区，若在很短的时间内发生若干次震级相差不大（1 级之内）的群震，处理方式为只保留其中最大的一次地震。

（3）通过地震活动趋势分析结果，衡量和评价未来地震活动水平，并对年平均发生率 ν 进行调整。研究表明，一个地震带中的地震活动会有相对平静与显著活动交替出现的周期性特征。因此分析地震带中地震活动的历史，判断目前与未来百年内可能处于的活动阶段，可以用来评价地震带总的地震活动水平，进而对表征地震活动水平的年平均发生率 ν_4 进行某些限制。

（4）按照震级区间来分配年平均发生率。

在某个地震活动带内可以划分出若干个具有不同震级上限的潜在震源区。将地震带内的地震年平均发生率分配到各潜在震源区时，往往按历史地震频度或面积加权原则进行分配，但由于各潜在震源区的地震上限不同，特别是具有高震级上限的潜在震源区个数很少，这种分配方法将导致大地震的影响被低估计。为避免高震级的影响被低估，采用按照震级区间来分配年平均发生率，并用空间分布函数来描述地震活动的时空不均匀性。

（5）用综合评定法确定空间分布函数。

采用多项因子的综合评定方法来确定各潜在震源区分配年平均发生率空间分布函数 f_{i,m_j}。各项因子的选择要考虑各潜在震源区存在的可靠性、地震活动的时空非均匀性与尽量吸收长期地震预报研究结果。

4.3.2　地震统计单元的地震活动性参数

确定地震活动性参数首先要划分地震统计单元。地震统计单元为地震活动具有时序性和完整性的相对独立基本单元。地震统计单元一般与地震活动区或活动带一致，并与地震构造区或地震构造带的划分一致。上海市所在区域涉及华南地震区的长江下游—南黄海地震带、华南沿海地震带和华北地震区的郯庐地震带。地震统计区（地震带）地震活动性的参数包括以下几项内容：

1. 震级上限 M_{uz}

地震带的震级上限是指地震带内可能发生的地震震级的上限值，达到和超过该震级地震的概率趋于 0。其数值应该等于带内各潜在震源区震级上限的最大值。

当认为历史上发生的大地震足以代表该地震带的最大地震时，则可以将历史上发生过的最大地震震级定为该地震带的震级上限；当从构造条件出发，认为该地震带已发生的最大地震不足以代表可能发生的最大地震时，则根据构造情况，将历史上已经发生过的最大地震震级加 1/4、1/2 或 1 作为该地震带的震级上限。

在长江下游—南黄海地震带，历史上记载的最大地震是 1846 年 8 月 4 日黄海 7 级地震，依据构造条件，震级上限 M_{uz}定为 7.5 级。华南沿海地震带的震级上限 M_{uz}为 8.0 级。在郯庐地震带，历史上记载的最大地震是 1668 年郯城 8½级大震，根据构造情况，将此次最大地震震级定为该地震带的震级上限。

2. 起算震级的确定

震级下限 M_0是指对工程场地有影响的最小震级。由于浅源地震对工程影响较大，一般 4 级左右地震的震中烈度可达到Ⅴ度。因此，在大多数情况下，均将起算震级 M_0定为 4.0 级作为地震危险性分析中参与计算的最低震级。

3. *b* 值的确定

在震级-频度关系中，*b* 值代表着地震带内不同大小地震频数的比例关系，它用于确定地震震级的分布密度函数和各级地震的年平均发生率，是地震危险性分析中的重要参数之一，其统计表达式为 $\lg N=a-bM$。*b* 值是实际资料统计得到的，故它与资料的可靠性、完整性、取样时空范围、样本起始震级、震级间隔等因素有关。为减少由于缺失历史地震造成的误差，提高 *b* 值的可信度，计算 *b* 值时考虑了不同时段内资料的完整性与相应的可信震级范围。

4. 地震年平均发生率 ν_4的确定

地震年平均发生率 ν_4是指地震带内每年发生大于等于起算震级 M_0的地震次数，起算震级 M_0通常取 4.0 级。ν_4值代表地震带的地震活动水平，主要影响 ν_4值因素为选取资料的统计时段和 *b* 值。根据地震活动性工作中对区域地震活动时空特征的分析，尤其是对未来百年内地震统计区地震活动水平的趋势估计推算出 ν_4值。*b* 值与 ν_4的组合，决定了地震区带各震级地震的发生率，代表了地震活动的强弱水平。在计算地震带 *b* 值时，并不是简单的利用统计方法计算 *b* 值，而是综合考虑地震带未来的地震趋势、历史地震资料的完备性、充分利用现代台网记录到的中小地震资料，采用联合调整的方法确定地震带 *b* 值和 ν_4，在确定 *b* 值和 ν_4过程中还注意了可靠样本信息的控制作用，以克服样本资料不完备的影响，对 ν_4的调整也尽可能接近 1970 年以来 4.0 级以上地震的年频次。遵从以上原则，主要利用 1839～2010 年 $M\geqslant5$ 级地震和 1970～2010 年 4～5 级地震资料，确定出长江下游—南黄海地震带 *b* 值为 0.85，ν_4值为 3.0。利用 1500～2010 年 $M\geqslant5$ 级地震和 1970～2010 年 4～5 级地震资料，确定出华南沿海地震带的 b 值为 0.87，ν_4值为 5.6。郯庐地震统计区发生过著名的 1668 年郯城—莒县 8½级特大地震。该区地震记载最早始于公元前 70 年，但公元 1500 年之前，地震缺失较多，1500 年后 5 级以上地震记录才基本完整，$M \geq 5.0$ 级地震发生较为平稳。所以利用 1500~2010 年 $M \geq 5$ 级地震和 1970~2010 年 4~5 级地震资料，确定出郯庐地震带的 b 值为 0.85，ν_4值为 4.0。地震带的地震活动性参数详见表 4.2。

表 4.2　各地震带的地震活动性参数表

	震级上限 M_{uz}	震级下限 M_0	b 值	年平均发生率 ν_4
长江下游—南黄海地震带	7.5	4.0	0.85	3.0
华南沿海地震带	8.0	4.0	0.87	5.6
郯庐地震带	8.5	4.0	0.85	4.0

4.3.3　潜在震源区的地震活动性参数

潜在震源区地震活动性参数包括：震级上限 M_u、分震级档的空间分布函数 f_{i,m_j} 和各潜在震源区等震线椭圆长轴走向分布函数 $f(\theta)$。震级上限在划分潜在震源区时，依据潜在震源区本身的地震活动性级地震构造特征已经确定。

1. 震级上限 M_u 值

潜在震源区的 M_u 值是指该区内可能发生的最大震级，其 M_u 值主要通过对该区本身的地震活动性和地质构造特征确定，各区的震级上限均不超过所在地震带的 M_u 值。

2. 地震空间分布函数 f_{i,m_j} 的确定

为如实反映地震活动的时空非均匀性，须将地震带内的地震年平均发生率按预测结果合理地分配到相应的各潜在震源区中。采用按震级分档来分配地震年发生率的方法，不仅可合理反映地震活动的时空非均匀性，还可以避免大地震的危险程度低估。

空间分布函数，根据各潜在震源区发生不同震级档地震可能性的大小，对统计区各震级 m_j 档的地震年平均发生率进行不等权分配。空间分布函数的物理含义是地震带内发生一个 m_j 档震级的地震落在第 i 个潜在震源区内概率的大小。在同一地震带内满足归一条件：

$$\sum_{i=1}^{n} f_{i,\ m_j} = 1 \tag{4.7}$$

这里 n 为地震带内第 m_j 档潜在震源区的总数。m_j 共分成 6 个震级档，即［4.0，5.0）、［5.0，5.5）、［5.5，6.0）、［6.0，6.5）、［6.5，7.0）、［7.0，7.5）。决定空间分布函数大小的因子在新的地震动参数区划图中包括：地震活动特征、区划图发生率、地震构造条件、地震活动度、网格活动性、大震发生率、中长期危险性、离逝时间等。

对 6 级以下的低震级潜在震源区，主要考虑小地震空间分布密度（指单位面积的发震概率)。对6.5级及以上的潜在震源区，主要考虑以下几方面的因子：①以往区划工作及附近其他重大工程的结果；②中国大陆长期地震活动的构造背景；③大震发生率、离逝时间等。

根据前面潜在震源区划分结果，结合各潜在震源区具体特征，按照前述空间分布函数确定的原则与方法，可得到各潜在震源区的空间分布函数。地震带内第 i 个潜在震源区、第 j 个震级档的地震年平均发生率：

$$v_{i,\ m_j} = v_{m_j} \times f_{i,\ m_j} \tag{4.8}$$

式中，v_{i,m_j}为地震带内第 j 个震级档的地震年平均发生率；f_{i,m_j}为第 i 个潜在震源区内第 j 个震级档的地震空间分布函数。确定f_{i,m_j}宜按各潜在震源区资料依据的充分程度和相应各震级地震发生可能性大小确定。f_{i,m_j}给出的具体方法是，对确定6级以下地震的空间分布函数采用面积或地震频次等权分配的方法，对6级以上高震级档还要综合考虑潜在震源区的地震构造条件、中长期地震预报成果和地震活动的区域特征等，通过采用多因子综合判别方法给出f_{i,m_j}。表4.3给出了对上海市影响较大的几个潜在震源区空间分布函数。

3. 椭圆长轴取向及其方向性函数

由于采用椭圆衰减模型，除地震震级和距离因素外，地震等震线长轴取向对场地地震危险性也起到一定作用，在近场尤为显著。各潜在震源区长轴取向主要来源对该区地震等震线几何形状的统计研究，统计结果大部分6级以上地震的极震区长轴走向同区域活动构造走向一致，因此可按区域发震构造走向预测未来地震等震线长轴方向。危险性分析计算中，等震线长轴取向用方向性函数 $f(\theta)$ 表示。

本区主要分为两种类型，对只有单一走向构造的潜在震源区，

$$f(\theta) = \delta(\theta) \tag{4.9}$$

式中，θ 为区域构造走向，多数区属于此类。

另一种是区内震源破裂存在两个可能方向，其方向性函数表示为：

$$f(\theta) = c \cdot \delta(\theta_1) + d \cdot \delta(\theta_2) \tag{4.10}$$

式中，θ_1、θ_2 为潜在震源区内可能的主破裂走向与正东方向夹角；c、d 为相应于 θ_1、θ_2 的取向概率。

表 4.3 区域几个主要潜在震源区 M_u、f_{i,m_j} 和方向性函数

潜源（编号）	[4.0，5.0)	[5.0，5.5)	[5.5，6.0)	[6.0，6.5)	[6.5，7.0)	[7.0，7.5)	M_u	θ_1	c	θ_2	d
南通（2）	0.00885	0.00682	0.01667	0.0000	0.0000	0.0000	6.0	120	1.0	0	0
苏州（4）	0.01111	0.00854	0.0296	0.0000	0.0000	0.0000	6.0	120	1.0	0	0
杭州湾北缘（7）	0.01119	0.00861	0.02347	0.0000	0.0000	0.0000	6.0	30	1.0	0	0
上海（8）	0.01249	0.00962	0.03799	0.0000	0.0000	0.0000	6.0	30	1.0	0	0
杭州（9）	0.00910	0.02191	0.03406	0.0000	0.0000	0.0000	6.0	30	1.0	0	0
余姚（10）	0.01304	0.00873	0.03017	0.0000	0.0000	0.0000	6.0	50	1.0	0	0
昆山（21）	0.01059	0.00801	0.01778	0.02691	0.0000	0.0000	6.5	120	1.0	0	0
宁波（23）	0.01138	0.00925	0.01657	0.0251	0.0000	0.0000	6.5	50	1.0	0	0
勿南沙 1（25）	0.02359	0.01666	0.01999	0.07556	0.0000	0.0000	6.5	5	1.0	0	0
长江口（26）	0.01948	0.01401	0.01973	0.07454	0.0000	0.0000	6.5	40	1.0	0	0
长江口外（29）	0.00756	0.04356	0.02476	0.05344	0.12575	0.0000	7.0	40	1.0	0	0
大丰海外（30）	0.02323	0.02150	0.02796	0.06135	0.09905	1.0000	7.5	10	1.0	0	0
苏北地震构造区背景源（41）	0.08361	0.07754	0.0000	0.0000	0.0000	0.0000	5.5	0	0.5	90	0.5

注：M_u 为各潜在震源区的上限；θ_1、θ_2 为潜在震源区内可能的主破裂走向与正东方向夹角；c、d 为相应于 θ_1、θ_2 的取向概率。

4.4　地震动参数衰减关系

确定抗震设防地震烈度，需要有合适的烈度衰减关系；确定场地设计基岩地面运动，则需要合适的地震动基岩峰值加速度衰减关系，通常是加速度反应谱的衰减关系。地震烈度衰减关系可利用地震烈度资料用回归分析方法得到，地震动基岩峰值加速度衰减关系通常也可利用强震观测记录资料回归分析来得到，但对于我国大部分地区由于缺少足够多的强震记录，无法直接基于强震记录资料来确定相应的地震动参数衰减关系。为此，将采用胡聿贤等提出的缺乏强震资料地区地震动峰值加速度衰减关系的确定方法来确定我国东部活跃地区（华北、华南沿海地区）的地震动参数衰减关系，即利用地震烈度等震线资料，确定地震烈度衰减关系，然后选择既有丰富的强震记录又有烈度衰减关系的美国西部地区作为参考区，转换得到相应的地震动参数衰减关系。

4.4.1　地震烈度衰减关系

在地震烈度衰减关系的确定中通常将地震震源假设为点源，地震烈度衰减取椭圆模型。因此，在近场由于发震构造的影响，长、短轴之间有差别（椭圆形）；随着距离的增大，在远场由于发震构造的影响已经消失，烈度等震线逐渐变为圆形。烈度衰减关系通常可以写成

$$I = A + BM - C\lg(R + R_0) + \varepsilon \tag{4.11}$$

式中，I 为地震烈度；M 为震级；R 为距离；ε 为不确定性，其均值为零，均方差为 σ 的正态分布；A、B、C 为回归系数。

不同地区的震源特性、传播介质与场地条件都可能不同，衰减规律自然可能不同。因此，地震动衰减关系都具有强烈的地区性。本地区的烈度衰减关系则为中国东部强震区的地震烈度衰减关系（GB 18306—2015《中国地震动参数区划图》宣贯教材）（表 4.4）。

表 4.4　地震烈度衰减关系的系数及标准差

A	B	C	R_0	σ	备注
5.7123	1.3626	4.2903	25.0	0.583	长轴衰减
3.6588	1.3626	3.5406	13.0	0.583	短轴衰减

该烈度衰减关系的建立过程中，使用了有仪器记录地震的等震线资料，量取了等震线的长轴和短轴长度，并进行了近场补点和有感半径控制，采用椭圆长、短轴联合衰减模型进行回归而得到，图 4.3 为中国东部活跃区地震烈度衰减关系拟合曲线。

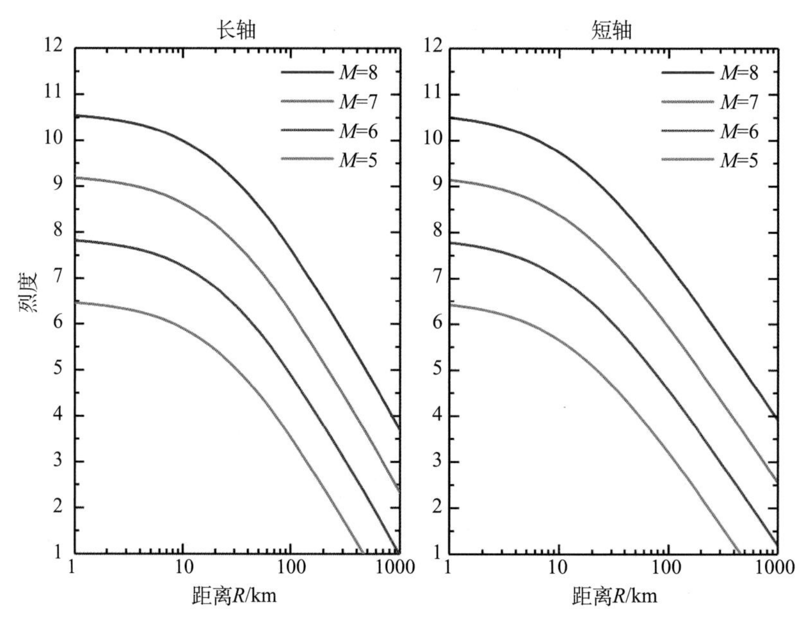

图 4.3　中国东部活跃区地震烈度衰减关系拟合曲线

4.4.2　基岩水平向峰值加速度衰减关系的确定

地震参数大小主要受地震震级，地震动传播路径以及场地局部地质条件的影响。基岩地震动参数衰减关系为给定震级和震源距以计算地震动参数中值预测值的数学表达式，由于场地为基岩因此忽略场地局部地质条件的影响。

地震动衰减关系的确定是地震危险性分析中的重要环节。本文采用第一次全国自然灾害综合风险普查技术规范《地震危险性图编制规范》（FXPC/DZP-01）中的东部活跃区基岩地震动参数衰减关系（请注意这里地震动指的是水平向地震动）：

当 $M<6.5$ 级时，

$$\lg Y(M,\ R) = A_1 + B_1 M - C\lg(R + D\exp(E \cdot M)) \tag{4.12}$$

当 $M \geqslant 6.5$ 级时，

$$\lg Y(M,\ R) = A_2 + B_2 M - C\lg(R + D\exp(E \cdot M)) \tag{4.13}$$

式中，Y 为地震动峰值加速度或不同周期点处水平向地震动加速度反应谱值；M 为面波震级；R 为震中距；A_1、A_2、B_1、B_2、C、D、E 为系数；σ 为衰减关系标准差。详细取值见表 4.5 和表 4.6 所示。

表 4.5　基岩地震动参数衰减关系系数（长轴）

T/s	A_1	B_1	A_2	B_2	C	D	E	σ
PGA	2.024	0.673	3.565	0.435	2.329	2.088	0.399	0.245
0.2	2.558	0.643	3.680	0.470	2.309	2.088	0.399	0.261
1.00	0.226	0.895	2.409	0.559	2.157	2.088	0.399	0.300
2.00	−0.666	0.936	1.247	0.641	2.047	2.088	0.399	0.342
6.00	−1.432	0.859	−1.432	0.859	1.857	2.088	0.399	0.333

表 4.6　基岩地震动参数衰减关系系数（短轴）

T/s	A_1	B_1	A_2	B_2	C	D	E	σ
PGA	1.204	0.664	2.789	0.420	2.016	0.944	0.447	0.245
0.2	1.779	0.628	2.918	0.454	1.999	0.944	0.447	0.261
1.00	−0.599	0.895	1.644	0.550	1.873	0.944	0.447	0.300
2.00	−1.449	0.934	0.516	0.632	1.779	0.944	0.447	0.342
6.00	−2.041	0.841	−2.041	0.841	1.617	0.944	0.447	0.333

4.5　地震危险性计算结果

根据前面所确定的潜在震源区、地震活动性参数及峰值加速度衰减关系，采用概率危险性计算程序，对上海市及其邻区范围内标准网格场点进行地震危险性分析计算。以 6′间隔按网格形式计算了 120°51′15″~121°58′15″E；30°41′45″~31°51′45″N 范围内近 229000 个计算点的 50 年超越概率 63%、10%、2%和 100 年超越概率 1%共 4 个概率水准的基岩地震动水平向峰值加速度，计算过程中考虑了地震动衰减参数的不确定性校正。

4.6　场地地震动调整与危险性分级

4.6.1　场地类别确定

根据全国地震灾害普查项目提供的宏观场地类别数据库，提取出上海市范围内的宏观场地类别数据，结合上海市地震危险性分析计算点的空间位置确定其场地类别。图 4.4 显示上海市宏观场地分类图，占面积最广的宏观场地类别中是 4 类场地，有少量 3 类场地，极少量 2 类场地，另还存在少量水体。

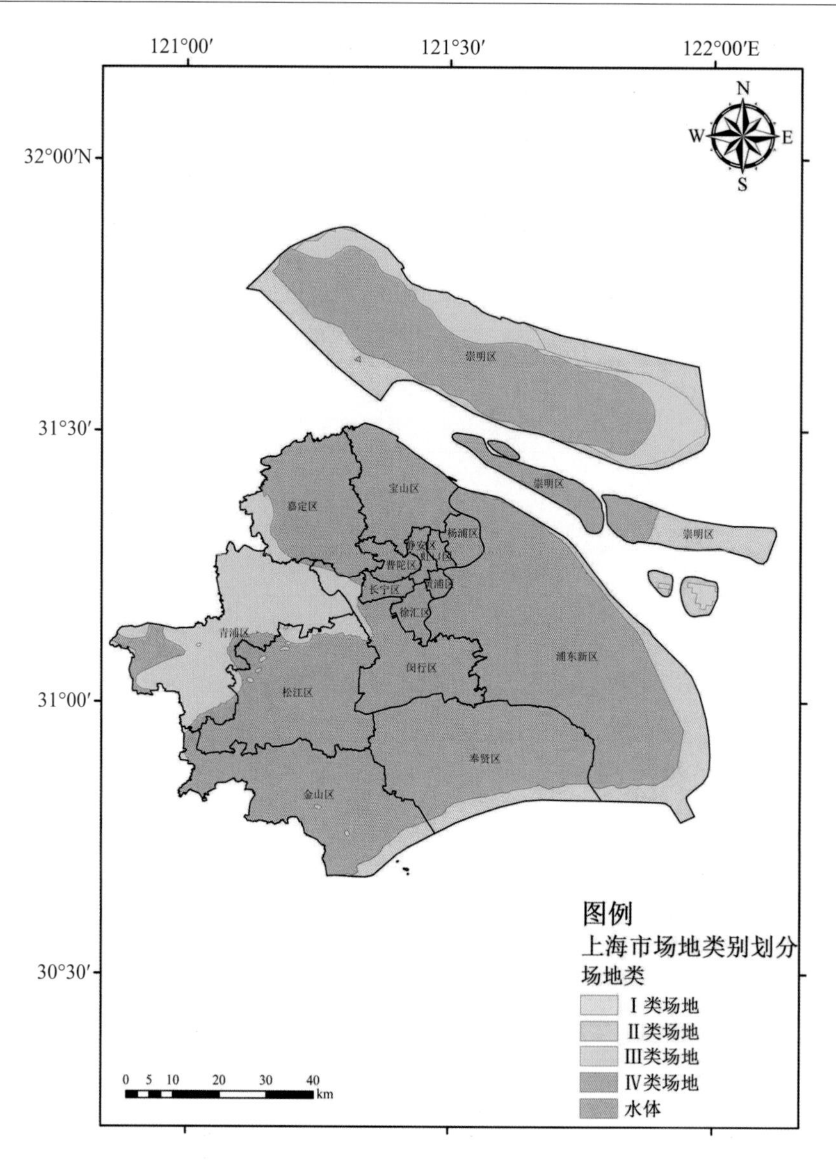

图 4.4　上海市宏观场地类别分布图

4.6.2　地震动场地调整方案

在第一次全国自然灾害综合风险普查技术规范《地震危险性图编制规范》（FXPC/DZP-01）中，对地震动场地调整给出了明确的调整方法，主要为：

（1）地震危险性概率计算得到的基岩峰值加速度对应为 I_1 类场地地震动峰值加速度。

（2）根据基岩（I_1 类场地）地震动峰值加速度，按下式确定场地峰值加速度值。

$$a_x = a_1 \times F_a \tag{4.14}$$

式中，a_x、a_1 分别为控制点场地和Ⅰ$_1$类场地地震动峰值加速度，单位为 Gal；F_a 为场地峰值加速度调整系数，F_a 具体取值按表 4.7 中所给值采取分段线性插值方法确定。

表 4.7　场地地震动峰值加速度调整系数

Ⅰ$_1$类场地地震动峰值加速度/Gal	场地类别				
	Ⅰ$_0$	Ⅰ$_1$	Ⅱ	Ⅲ	Ⅳ
≤40	0.90	1.00	1.25	1.63	1.56
80	0.90	1.00	1.22	1.52	1.46
125	0.90	1.00	1.20	1.39	1.33
170	0.89	1.00	1.18	1.18	1.18
285	0.89	1.00	1.05	1.05	1.00
≥400	0.90	1.00	1.00	1.00	0.90

4.6.3　地震危险性分级

根据年超越概率 10^{-4} 的地震动峰值加速度（a_x），将场地地震危险性分为四级，由高到低分别为：

1 级（$a_x \geq 600$Gal）；

2 级（$360 \leq a_x < 600$Gal）；

3 级（$180 \leq a_x < 360$Gal）；

4 级（$a_x < 180$Gal）。

以上海市地震危险性分析获得的基岩地震动结果为基础数据，基于上述地震动场地调整方案，分别开展四个概率（50 年 63%、50 年 10%、50 年 2%、100 年 1%）地震动峰值加速度场地调整计算，得到四个概率（50 年 63%、50 年 10%、50 年 2%、100 年 1%）场地地震动峰值加速度。

4.6.4　地震动场地调整

根据地震动场地调整方案，将上海市 4 个不同超越概率水平下的基岩地震动峰值加速度与其宏观场地类别对应，确定场点场地类别，通过调整系数计算得到近 229000 个网格计算点的场地峰值加速度值。

4.6.5　地震危险性编图

依据《地震危险性图编制规范》（FXPC/DZP-01）规定，地震危险性图以地震危险性分级或者地震动等值线的形式表示。

上海市地震危险性编图采用 1∶25 万比例尺，以 5Gal（或 5Gal 的整数倍）为等值线间隔分别给出了上海市 50 年超越概率 63%、10%、2%和 100 年超越概率 1%水平的基岩和场地地震动峰值加速度等值线图，如图 4.5 至图 4.12 所示。

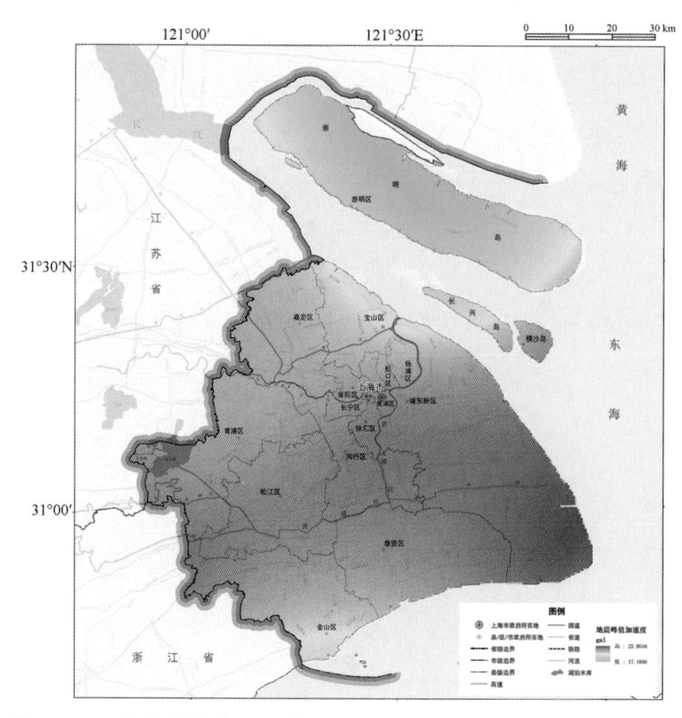

图 4.5　50 年超越概率 63%水平下的上海市基岩峰值加速度分布图

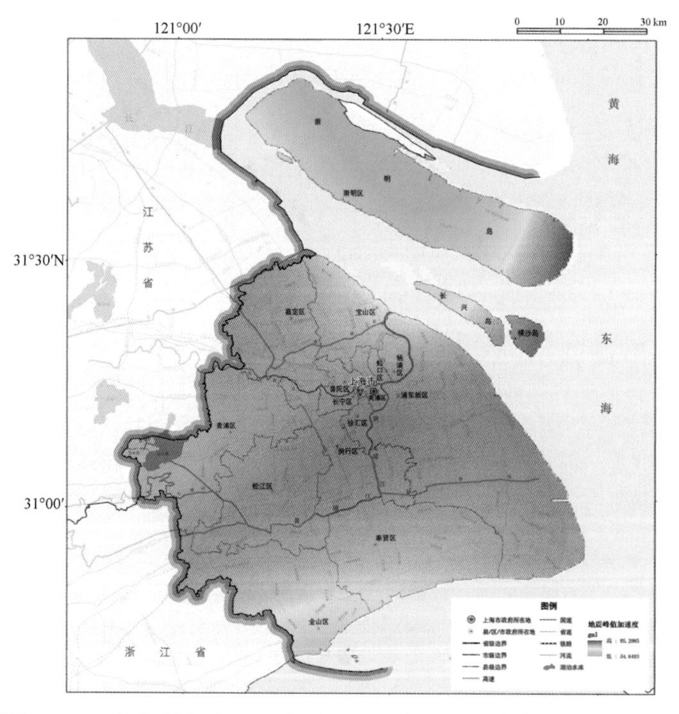

图 4.6　50 年超越概率 10%水平下的上海市基岩峰值加速度分布图

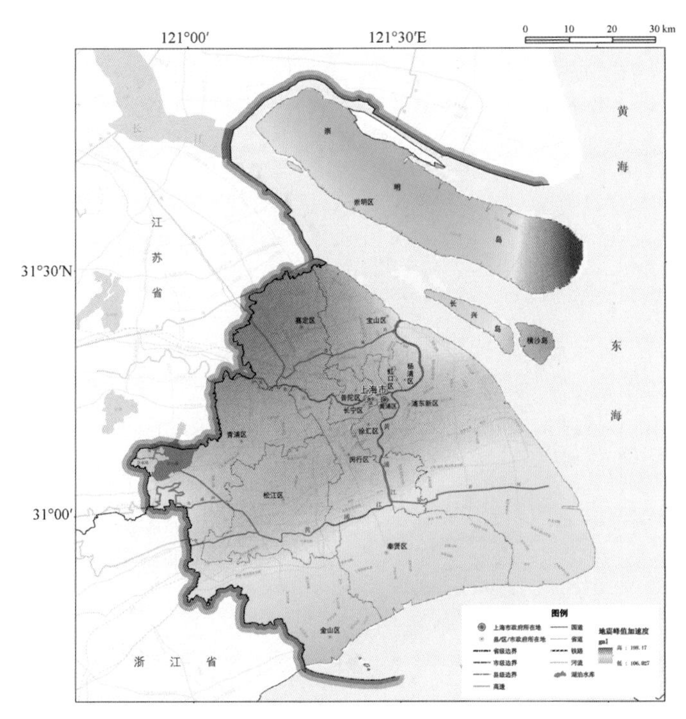

图 4.7　50 年超越概率 2%水平下的上海市基岩峰值加速度分布图

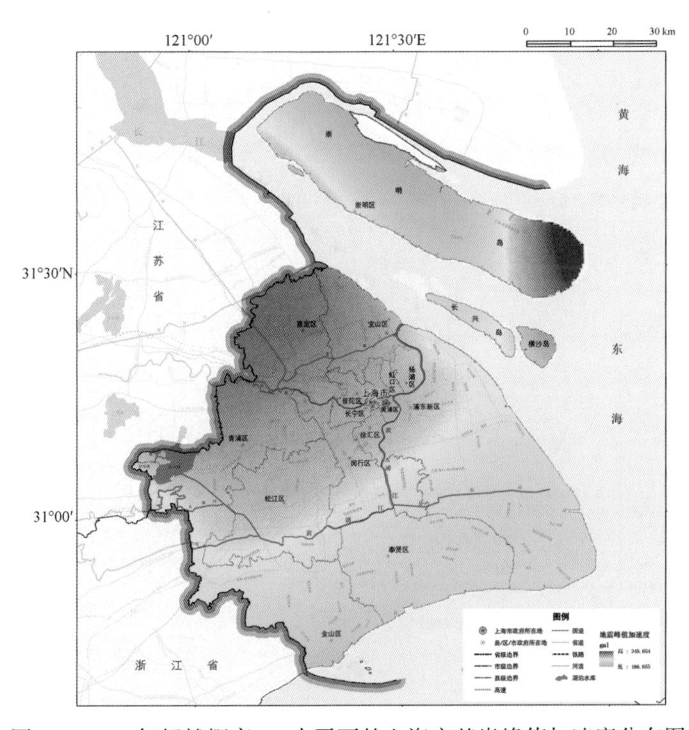

图 4.8　100 年超越概率 1%水平下的上海市基岩峰值加速度分布图

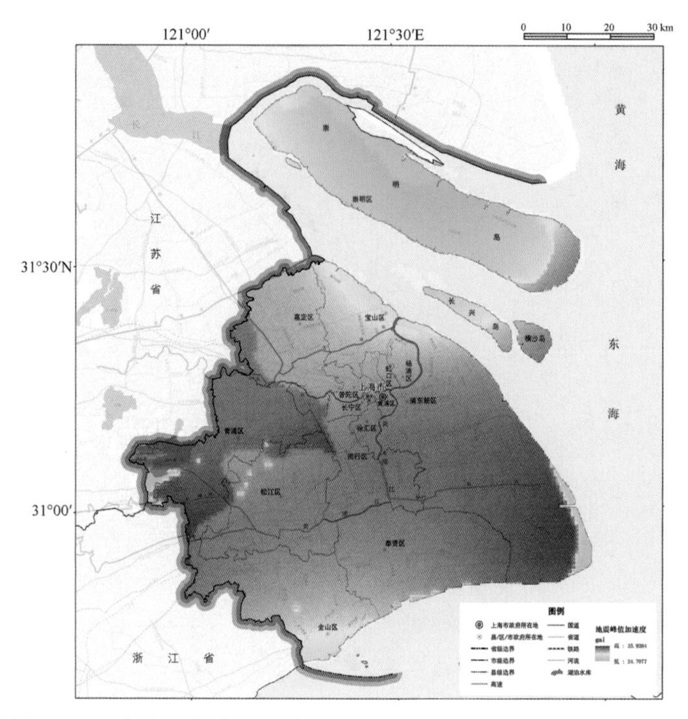

图 4.9　50 年超越概率 63%水平下的上海市场地峰值加速度分布图

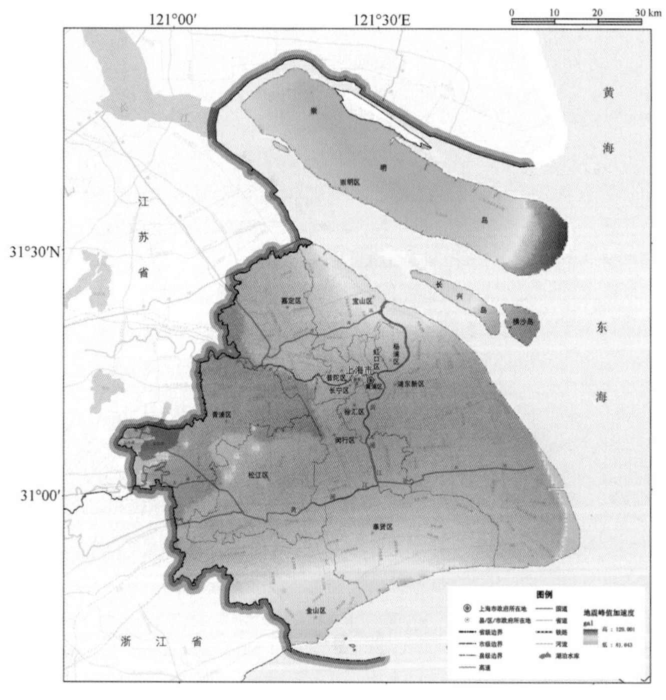

图 4.10　50 年超越概率 10%水平下的上海市场地峰值加速度分布图

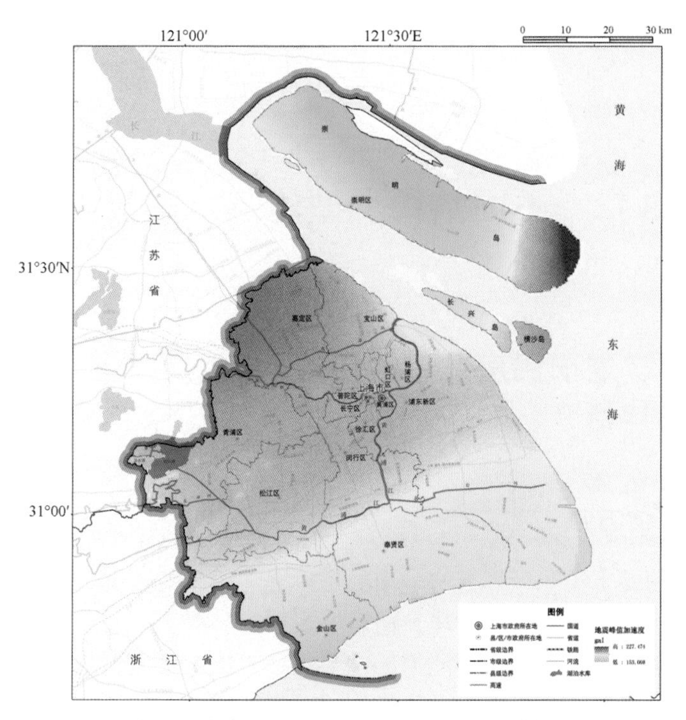

图 4.11　50 年超越概率 2%水平下的上海市场地峰值加速度分布图

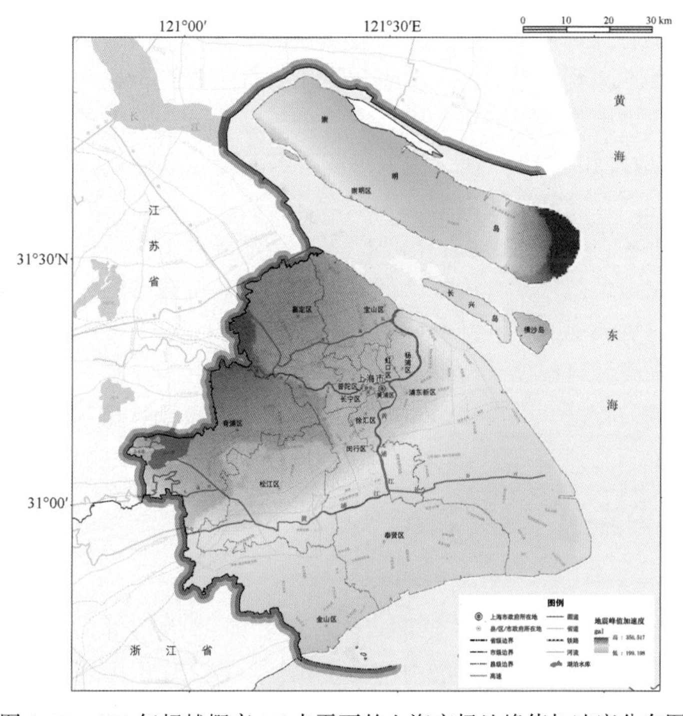

图 4.12　100 年超越概率 1%水平下的上海市场地峰值加速度分布图

第5章　不同结构类型建筑抗震能力评估

5.1　多层砌体、老旧民房及单层砖柱、钢筋混凝土柱厂房抗震能力评估

5.1.1　易损性评估方法

多层砌体房屋的震害预测计算方法采用的是尹之潜提出的楼层平均抗剪强度法。由于砌体结构抵抗地震作用的构件主要是墙体，而震害表明砌体结构墙体的破坏主要由剪力引起，因此墙体的抗剪强度是砌体结构抗震能力的主要表征。该方法假定地震作用沿结构高度为倒三角形分布，利用楼层单位面积上的平均折算抗剪强度为多层砌体结构的抗震能力指标。结合项目实地调研，综合考虑房屋所采用的抗震设计规范的设防标准以及房屋的现状而设定系数，对结果进行修正。

城市中的老旧民房，基本未经过设计，建筑材料不规范，施工质量良莠不齐，很难运用参数化的模型进行震害预测。老旧民房的震害结果是多因素综合作用下产生的，因此目前一般认为采用模糊综合判别法对老旧民房进行震害分析是科学和合理的。应用较多的是金国梁等根据1975年海城地震和1978年唐山地震等震害经验总结出的一套模糊综合评判方法，考虑房屋长度、房屋老旧程度和房屋层数三个因素，得出各个因素的取值对于各破坏等级的隶属度，按适当的权重综合分析得出震害预测结果。钢筋混凝土柱厂房可视为主要由抗侧力系统、围护墙系统和屋面系统三部分构成，因此根据三者在抗震中的作用及损坏后的修复难度加权综合评定房屋的抗震能力，并结合我国近几年来单层工业厂房与空旷房屋的震害资料，通过回归分析得出最终计算模型。

砖柱厂房抗震能力较差，其震害指数主要与房屋几何尺寸及砌体强度有关，按照经验公式确定。

5.1.2　评估计算公式

1. 多层砌体

砌体结构抵抗地震作用的构件主要是墙体，而震害表明砌体墙体的破坏主要由剪力引起，墙体的抗剪强度是砌体结构抗震能力的主要表征。本工作中多层砌体房屋的震害预测计算方法采用的是尹之潜的楼层平均抗剪强度法。该方法假定地震作用沿结构高度为倒三角形分布，利用楼层单位面积上的平均折算抗剪强度为多层砌体结构的抗震能力指标。综合考虑房屋所采用的抗震设计规范的设防标准以及房屋的现状而设定系数，对结果进行修正。该方

法具有参数量少，简单易行，便于操作的优点，因此应用非常广泛。

但是，该方法的样本大部分来自未设防的建筑且年代较远，有必要对其计算模型进行修正。欧盛从唐山地震震害资料中选取了 4 栋砖砌体房屋，按照楼层平均抗剪强度法进行计算所得的震害预测结果较之实际震害更为严重。江近仁等认为砌体结构的破坏由最大荷载幅值和重复循环加载效应的联合作用引起，以最大变形和累积能量耗损的非线性函数值来表示破坏程度。该方法经验证具有较高精度，但参数较多，计算复杂难于应用。欧盛选取了具有代表性的 200 多栋砌体房屋，采用江近仁等的预测计算结果对尹之潜的楼层平均抗剪强度法进行参数拟合和修正。本工作采纳了该修正意见，综合了上海市历次震害预测项目成果，得出了实用砌体房屋震害预测模型。

墙体抗剪强度按下式估计：

$$P_i = 0.14(n - i + 1) + 0.014R + 0.5 \tag{5.1}$$

式中，R 为砌体砂浆的强度等级；n 为房屋总层数。

楼层单位面积上的平均折算抗剪强度为：

$$A_i = k_i P_i \frac{\sum F_{ij}}{2S_i} \tag{5.2}$$

$$k_i = \frac{2(2n + 1)}{3(i + n)(n - i + 1)} \tag{5.3}$$

式中，k_i为第 i 层的折算系数；P_i为第 i 层的楼层墙体抗剪强度；F_{ij}为第 i 层、第 j 片墙体的断面积；S_i为第 i 层的楼层建筑面积。

震害指数与楼层单位面积折算平均抗剪强度 A_i的关系可表示为：

$$D_6 = (1.8640 - 0.0070A_i)(1 + \sum C) \tag{5.4}$$

$$D_7 = (2.5277 - 0.0086A_i)(1 + \sum C) \tag{5.5}$$

$$D_8 = (2.2173 - 0.0057A_i)(1 + \sum C) \tag{5.6}$$

式中，D_i（i=6、7、8）表示 i 度烈度时的震害指数。$\sum C$ 是为了反映所采用的抗震设计规范设防要求的差别和房屋现状差异而设定的修正系数，具体数值见表 5.1。根据历次震害调查的统计结果，多层砌体房屋的震害等级可按表 5.2 划分。

表 5.1　多层砌体房屋震害指数的修正系数

条件	修正系数 C_i	
	满足	不满足
墙间距符合抗震规范要求	0	0.1
刚性楼板、刚性屋面	0	0.1
结构无明显质量问题	0	0.2
平面和立面规整	0	0.1
符合抗震规范 TJ 11—74	-0.5	0
符合抗震规范 TJ 11—78	-0.7	0
符合抗震规范 GBJ 11—89 或 DBJ 08-9—92	-0.8	0
符合抗震规范 GB 50011—2001	-0.85	0

表 5.2　多层砌体房屋震害等级

震害等级	宏观现象	震害指数范围
基本完好	没有震害表现，或非主体结构部件有轻微裂纹	$D \leq 0.1$
轻微破坏	非主体结构局部有明显破坏，或主体结构局部有轻微裂缝，但不影响正常使用，一般只需稍加修理	$0.1 < D \leq 0.3$
中等破坏	非主体结构普遍遭到破坏，或主体结构多处发生明显裂缝，经局部修复或加固处理后，仍可继续使用	$0.3 < D \leq 0.55$
严重破坏	主体结构普遍遭到明显破坏，或部分有极严重破坏，包括部分外纵墙倾倒或个别墙板塌落，需经大修方可使用或已无修复价值	$0.55 < D \leq 0.85$
毁坏	多数墙体严重破坏，结构濒临倒塌或已倒塌	$0.85 < D$

2. 老旧民房

老旧民房，是指 1978 年前，未经正式设计、非施工单位施工的房屋。在本工作中，上海市老旧民房分为“未抗震加固的老旧民房”和“已抗震加固的老旧民房”两类。

对于已抗震加固的老旧民房，则并入砌体结构，进行计算分析。

对于未抗震加固的老旧民房，是指 1978 年之前建造，基本未经过设计、建筑材料不规范、施工质量良莠不齐的建筑，因此很难运用参数化的模型进行震害预测。老旧民房的震害结果是多因素综合作用下产生的，因此目前一般认为采用模糊综合判别法对老旧民房进行震害分析是科学和合理的。应用较多的是金国梁等根据 1975 年海城地震和 1978 年唐山地震等震害经验总结出的一套模糊综合评判方法，考虑房屋长度、房屋老旧程度和房屋层数三个因素，得出各个因素的取值对于各破坏等级的隶属度，按适当的权重综合分析得出震害预测结果。其他老旧民房震害预测方法还有章在墉在《地震危险性分析及其应用》一书中提出的老旧民房易损性评定方法、徐祥文等提出的经验判别法。本报告结合前两种评估方法，根据上海市老旧民房的实际情况作一定的修正调整得出最终的计算模型。

老旧程度可按房屋建造的年代、施工质量以及现状来划分类别，在缺少数据资料和现场调查时，可粗略地按年代来确定老旧程度。

根据某一老旧民房建筑的房屋长度 L（单位：m）、老旧程度 M（所属年代），层数 N 三项属性，可以得出该属性值对应于各级震害的隶属度 R_{ij}，如表 5.3。

表 5.3　老旧民房各预测因子对震害等级的隶属度

预测因子		基本完好	轻微破坏	中等破坏	严重破坏	毁坏
L	10	0.37	0.46	0.11	0.01	0.00
	30	0.21	0.41	0.21	0.06	0.01
	50	0.27	0.41	0.22	0.04	0.00
	70	0.11	0.25	0.31	0.21	0.08
	90	0.07	0.20	0.31	0.26	0.12
M	1949~1966	0.15	0.32	0.32	0.15	0.03
	1900~1949	0.12	0.27	0.31	0.19	0.07
	~1900	0.00	0.04	0.17	0.35	0.31
N	1	0.36	0.42	0.13	0.01	0.00
	2	0.15	0.30	0.30	0.16	0.04
	3	0.11	0.25	0.31	0.21	0.07

三个预测因子的隶属度矩阵需乘以加权系数向量｛0.10，0.45，0.45｝以得出该房屋总的震害隶属度｛b_1，b_2，b_3，b_4，b_5｝。进一步对其作归一化处理，得到｛b_1^*，b_2^*，b_3^*，b_4^*，b_5^*｝，其中：

$$b_j^* = b_j / \sum_{j=1}^{5} b_j \qquad (5.7)$$

可按各级震害对应的震害指数中值对该归一化向量进行点乘得出Ⅶ度震害时的震害指数。利用Ⅶ度震害的统计经验关系（两者平均值分别为 0.348 和 0.530，均方差分别为 0.302 和 0.284），将Ⅶ度的预测值近似为正态分布，对应修正可得到Ⅷ度震害估计值。

3. 单层砖柱厂房

砖墙（柱）单层厂房、空旷房屋总体来说抗震性能较差，目前在役建筑中并不多见，一般只见于中小型企业，大型企业只用作辅助车间或库房。该类结构多为砖墙扶壁柱形式的单跨库房，也有少数砖墙单跨房屋和采用中柱的多跨房屋，屋面也可分为重型和轻型两种。其震害指数与房屋几何尺寸及砌体强度之间有如下关系：

$$D = 47.77 \times \frac{H^{1.5309}(L/90)^{0.5547}}{d^{1.2825}(7R)^{1.6412}} + 0.10 \tag{5.8}$$

式中，H 为房屋计算高度；L 为房屋计算长度；d 为砖柱截面尺寸；R 为砖砌体强度。该震害指数对应Ⅷ度震害，Ⅶ度及Ⅵ度震害指数分别按-0.20 及-0.40 调整，震害指数与震害等级的对应关系见表 5.4。

表 5.4　砖柱厂房及空旷房屋震害等级划分

震害等级	基本完好	轻微破坏	中等破坏	严重破坏	毁坏
震害指数	$D \leq 0.2$	$0.2 < D \leq 0.4$	$0.4 < D \leq 0.6$	$0.6 < D \leq 0.8$	$0.8 < D$

4. 单层钢筋混凝土柱厂房

该类型结构主要用于大、中型企业的生产车间，按跨数可分为单跨、多跨、高低跨等，屋面结构也可分为重型和轻型两种，围护结构主要采用砖砌体。可视为主要由抗侧力系统、围护墙系统和屋面系统三部分构成，根据三者在抗震中的作用及损坏后的修复难度加权综合评定房屋的震害指数如下：

$$D_F = 0.45D_C + 0.30D_M + 0.25D_R \tag{5.9}$$

式中，D_F为房屋总的震害指数；D_C为抗侧力系统的震害指数；D_M为围护墙震害指数；D_R为屋面系统的震害指数。

抗侧力系统的震害主要取决于钢筋混凝土柱的受弯指数 λ_1，按下式计算：

$$\lambda_1 = \frac{WH_c}{b_c h^2} \tag{5.10}$$

式中，W 为柱所承受的屋面重量；H_c为屋架下弦到柱计算断面的距离；b_c为柱断面的宽度；h 为柱断面的高度。

围护墙系统的震害主要取决于墙高指数 λ_2：

$$\lambda_2 = \frac{H_M}{b_M\sqrt{S+1}} \tag{5.11}$$

式中，H_M为围护墙高度；b_M为围护墙厚度；S 为沿墙高设置的圈梁数。

根据我国近几年来单层工业厂房与空旷房屋的震害资料，通过回归分析可以得出震害指数的计算公式如下，其中 R 为柱的混凝土标号。

$$D_6 = (12R^{-1} + 0.0015\lambda_1 + 0.09\lambda_2 - 0.312 + 0.25D_R) \times (1 + \Sigma C) \tag{5.12}$$

$$D_7 = (14R^{-1} + 0.0018\lambda_1 + 0.011\lambda_2 - 0.338 + 0.25D_R) \times (1 + \Sigma C) \tag{5.13}$$

$$D_8 = (39R^{-1} + 0.0020\lambda_1 + 0.011\lambda_2 - 0.349 + 0.25D_R) \times (1 + \Sigma C) \tag{5.14}$$

$$D_9 = (31R^{-1} + 0.0023\lambda_1 + 0.014\lambda_2 - 0.370 + 0.25D_R) \times (1 + \Sigma C) \tag{5.15}$$

屋面系统的震害指数 D_R主要取决于施工质量以及设计的完善程度，其值可按表 5.5 取用，修正系数 C 的取值见表 5.6。

表 5.5　震害指数 D_R的取值

地震烈度	Ⅵ	Ⅶ	Ⅷ
施工质量好、支撑系统完善	0.00	0.00	0.05
施工质量好、支撑系统不完善	0.00	0.05	0.15
施工质量不好、支撑系统完善	0.05	0.10	0.20
施工质量不好、支撑系统不完善	0.10	0.15	0.30

表 5.6　钢筋混凝土柱单层厂房及空旷房屋修正系数

条件	修正系数 C_i	
	满足	不满足
无天窗	0	0.15
大型屋面板	0	0.15
结构质量良好	0	0.2
有大于 20t 的吊车	0	0.15
符合抗震规范 TJ 11—74	-0.2	0
符合抗震规范 TJ 11—78	-0.3	0
符合抗震规范 GBJ 11—89 或 DBJ 08-9—92	-0.37	0
符合抗震规范 GB 50011—2001	-0.42	0

5.1.3　抽样样本计算

对各类结构抽样样本的计算，得出了震害矩阵结果。震害指数计算过程示意如表 5.7 和图 5.1 所示，震害矩阵结果见表 5.8。

表 5.7　部分抽样样本计算过程

编号	单　位	年代	修正系数之和	层数	层数折算 K_i	高度（m）	砂浆 M	墙体抗剪强度 P_i	各层建筑面积（m^2）	墙体水平截面面积（m^2）	楼层单位面积上抗剪强度 A_i	震害指数（Ⅵ）	震害指数（Ⅶ）	震害指数（Ⅷ）
376	德平路××弄	1997	（0.80）	6	0.24	18.015m	7.5	1.17	528.32	77	204.38	0.01	0.15	0.21
377	德平路××弄	1997	（0.80）	6	0.24	18.015m	7.5	1.17	528.32	77	204.38	0.01	0.15	0.21
452	云山路××弄	1994	（0.80）	6	0.24	17.8m	5	1.13	581.67	86.98	203.40	0.01	0.16	0.21
453	云山路××弄	1994	（0.80）	6	0.24	17.8m	5	1.13	581.67	86.98	203.40	0.01	0.16	0.21
1292	德州路××弄	1993	（0.80）	6	0.24	18.6	10	1.20	455.44	63.92	202.72	0.01	0.16	0.21
235	上海高桥保税区××有限公司	1993	（0.80）	6	0.24	17.4m	10	1.20	676.66	94.96	202.71	0.01	0.16	0.21
311	黄山始信苑博山东路××弄	1999	（0.80）	6	0.24	16.1m	7.5	1.17	388	56	202.40	0.01	0.16	0.21
493	金口路××弄	1995	（0.80）	6	0.24	17.8m	5	1.13	637.46	94.61	201.87	0.01	0.16	0.21
230	上海高桥保税区××有限公司	1994	（0.80）	6	0.24	17.4m	10	1.20	225.92	31.49	201.33	0.01	0.16	0.21
317	黄山始信苑博山东路××弄	1998	（0.80）	6	0.24	16.8m	7.5	1.17	543.33	78	201.32	0.01	0.16	0.21
236	上海高桥保税区××有限公司	1993	（0.80）	6	0.24	17.4m	10	1.20	776.74	108.2	201.21	0.01	0.16	0.21
337	黄山始信苑枣庄路××弄	1998	（0.80）	6	0.24	16.8m	7.5	1.17	544.66	78	200.82	0.01	0.16	0.21
338	黄山始信苑枣庄路××弄	1998	（0.80）	6	0.24	16.8m	7.5	1.17	544.66	78	200.82	0.01	0.16	0.21
955	川沙镇城南路××弄	1988	（0.70）	5	0.26	14	5	1.13	527.19	72.4	203.22	0.01	0.23	0.32
541	云山路××弄	1994	（0.80）	6	0.24	17.8m	5	1.13	296	43.49	199.85	0.01	0.16	0.22
542	云山路××弄	1994	（0.80）	6	0.24	17.8m	5	1.13	296	43.49	199.85	0.01	0.16	0.22
543	云山路××弄	1994	（0.80）	6	0.24	17.8m	5	1.13	296	43.49	199.85	0.01	0.16	0.22
1271	元里××村	1992	（0.80）	6	0.24	17.4	5	1.13	590.1	86.4	199.15	0.01	0.16	0.22
1273	元里××村	1992	（0.80）	6	0.24	17.4	5	1.13	590.1	86.4	199.15	0.01	0.16	0.22

续表

编号	单位	年代	修正系数之和	层数	层数折算 K_i	高度（m）	砂浆M	墙体抗剪强度 P_i	各层建筑面积（m^2）	墙体水平截面面积（m^2）	楼层单位面积上抗剪强度 A_i	震害指数（Ⅵ）	震害指数（Ⅶ）	震害指数（Ⅷ）
1265	金顺××	1993	（0.80）	6	0.24	17.4	5	1.13	590.1	86.4	199.15	0.01	0.16	0.22
410	上海浦东金桥	1999	（0.80）	6	0.24	17.9m	5	1.13	218.97	32	198.78	0.01	0.16	0.22
1021	川环南路	1997	（0.80）	6	0.24	15.47	10	1.20	568	78	198.36	0.02	0.16	0.22
232	上海高桥保税区××有限公司	1994	（0.80）	6	0.24	17.4m	10	1.20	194.82	26.72	198.11	0.02	0.16	0.22
1008	江镇晚霞路××弄	1997	（0.80）	6	0.24	16.9	10	1.20	587.96	80.6	198.01	0.02	0.16	0.22
239	上海高桥保税区××有限公司	1992	（0.80）	6	0.24	17.4m	10	1.20	367.6	50.31	197.69	0.02	0.17	0.22
811	扬新路××弄	1994	（0.80）	6	0.24	17.8	10	1.20	282.96	38.69	197.50	0.02	0.17	0.22
1257	金顺××	1993	（0.80）	6	0.24	17.4	5	1.13	396.83	57.6	197.43	0.02	0.17	0.22
1258	金顺××	1993	（0.80）	6	0.24	2.8	5	1.13	396.83	57.6	197.43	0.02	0.17	0.22
1260	金顺××	1993	（0.80）	6	0.24	17.4	5	1.13	396.83	57.6	197.43	0.02	0.17	0.22
1261	金顺××	1993	（0.80）	6	0.24	17.4	5	1.13	396.83	57.6	197.43	0.02	0.17	0.22
1262	金顺××	1993	（0.80）	6	0.24	17.4	5	1.13	396.83	57.6	197.43	0.02	0.17	0.22
1259	金顺××	1994	（0.80）	6	0.24	17.4	5	1.13	396.83	57.6	197.43	0.02	0.17	0.22
58	上海××有限公司	1999	（0.80）	7	0.20	21	10	1.27	460	67.6	186.63	0.03	0.18	0.23
56	上海××有限公司	1999	（0.80）	7	0.20	21	10	1.27	457	67.1	186.47	0.03	0.18	0.23
63	上海××有限公司	1999	（0.80）	7	0.20	19.6	10	1.27	485	71.2	186.44	0.03	0.18	0.23
823	御山路××弄	1996	（0.80）	4	0.33	19.8	7.5	0.92	661.06	84.72	196.51	0.02	0.17	0.22
831	御山路××弄	1996	（0.80）	4	0.33	19.8	7.5	0.92	661.06	84.72	196.51	0.02	0.17	0.22
234	上海高桥保税区××有限公司	1993	（0.80）	6	0.24	17.4m	10	1.20	168.71	22.89	195.98	0.02	0.17	0.22

续表

编号	单　　位	年代	修正系数之和	层数	层数折算 K_i	高度（m）	砂浆 M	墙体抗剪强度 P_i	各层建筑面积（m^2）	墙体水平截面面积（m^2）	楼层单位面积上抗剪强度 A_i	震害指数（Ⅵ）	震害指数（Ⅶ）	震害指数（Ⅷ）
233	上海高桥保税区××有限公司	1994	（0.80）	6	0.24	17.4m	10	1.20	168.71	22.89	195.98	0.02	0.17	0.22
1018	川沙路××弄	2000	（0.80）	5	0.26	15.47	10	1.20	793.86	98.771	195.52	0.02	0.17	0.22

A	B	C	D	F	G	H	T	V	W	X	Y	BT	BU	BV	BW	BX
No	单位	年代	修正系数之和	层数	层数折算K'	高度m	砂浆M	墙体抗剪强度Pi	各层建筑面积m2	cm2	墙体水平截面面积m2	楼层单位面积上抗剪强度Ai	震害指数（6）	震害指数（7）	震害指数（8）	建筑的总建筑面积
1160	浦兴五莲路	2001	(0.80)	5	0.26	16	10	1.20	286.58	265000	26.5	145.31	0.09	0.26	0.28	1432. 9
1162	浦兴五莲路	2001	(0.80)	5	0.26	16	10	1.20	286.58	265000	26.5	145.31	0.09	0.26	0.28	1432. 9
1163	浦兴五莲路	2001	(0.80)	5	0.26	16	10	1.20	286.58	265000	26.5	145.31	0.09	0.26	0.28	1432. 9
1164	浦兴五莲路	2001	(0.80)	5	0.26	16	10	1.20	286.58	265000	26.5	145.31	0.09	0.26	0.28	1432. 9
942	广兰路248弄	2000	(0.80)	6	0.24	19.55	10	1.20	66258.31	66250000	6625	144.43	0.09	0.26	0.28	397549. 86
1152	浦兴 五莲路	2001	(0.80)	6	0.24	18	10	1.20	605.16	600000	60	143.21	0.09	0.26	0.28	3630. 96
1161	浦兴五莲路	2001	(0.80)	6	0.24	18	10	1.20	403.68	400000	40	143.13	0.09	0.26	0.28	2422. 08
806	振兴东路12	2001	(0.80)	6	0.24	15	10	1.20	1464	1420000	142	140.10	0.10	0.26	0.28	8784
1019	川沙路4850	2000	(0.80)	5	0.26	15.47	10	1.20	793.86	680000	68	134.60	0.10	0.27	0.29	3969. 3
1304	上海市第7人	2000	(0.80)	4	0.33	7	5	1.13	444	286000	28.6	121.31	0.12	0.30	0.31	1776
346	灵山路1724	2000	(0.80)	7	0.20	21.2m	10	1.20	299.71	300000	30	120.12	0.12	0.30	0.31	2097. 97
345	灵山路1724	2000	(0.80)	7	0.20	21.2m	10	1.20	463.4	460000	46	119.12	0.13	0.30	0.31	3243. 8
75	上海仁信物	2001	(0.80)	6	0.24	17.4	10	1.20	825.2	640000	64	112.03	0.14	0.31	0.32	4951. 2
1296	耀华路579弄	2000	(0.80)	6	0.24	17.85	7.5	1.17	861.31	668300	66.83	108.81	0.14	0.32	0.32	5167. 86
90	浦东三村51	2000	(0.80)	6	0.24	19	10	1.20	794	550000	55	100.06	0.15	0.33	0.33	4764
812	扬新路281弄	2000	(0.80)	6	0.24	17.7	10	1.20	641.86	433500	43.35	97.56	0.16	0.34	0.33	3851. 16
682	孙桥路238弄	2001	(0.80)	7	0.20	22.2	10	1.20	520	422600	42.26	97.52	0.16	0.34	0.33	3640
683	孙桥路238弄	2001	(0.80)	7	0.20	22.2	10	1.20	520	422600	42.26	97.52	0.16	0.34	0.33	3640
684	孙桥路238弄	2001	(0.80)	7	0.20	21.8	10	1.20	527	424000	42.4	96.55	0.16	0.34	0.33	3689
681	孙桥路238弄	2001	(0.80)	7	0.20	21.8	10	1.20	527	424000	42.4	96.55	0.16	0.34	0.33	3689
286	上南路4185	2000	(0.80)	6	0.24	19	10	1.20	506	320000	32	91.35	0.16	0.35	0.34	3036
612	上海金鹏房	2000	(0.80)	6	0.24	18.9m	7.5	1.17	903.33	572700	57.27	88.91	0.17	0.35	0.34	5419. 98
650	杨高南路121	2001	(0.80)	6	0.24	18m	7.5	1.17	4429	2400000	240	75.99	0.19	0.37	0.36	26574

图 5.1　抽样样本震害指数计算过程

表 5.8　各类结构抽样样本震害矩阵

结构类别	烈度	基本完好	轻微破坏	中等破坏	严重破坏	毁坏
多层砌体	Ⅵ	0. 756	0. 244	0. 000	0. 000	0. 000
	Ⅶ	0. 134	0. 590	0. 276	0. 000	0. 000
	Ⅷ	0. 020	0. 673	0. 307	0. 000	0. 000
单层工业厂房	Ⅵ	0. 774	0. 207	0. 019	0. 000	0. 000
	Ⅶ	0. 266	0. 594	0. 128	0. 012	0. 000
	Ⅷ	0. 035	0. 244	0. 586	0. 125	0. 000
单层钢筋混凝土柱厂房	Ⅵ	0. 856	0. 133	0. 011	0. 000	0. 000
	Ⅶ	0. 460	0. 502	0. 038	0. 000	0. 000
	Ⅷ	0. 236	0. 611	0. 084	0. 069	0. 000
老旧民房	Ⅵ	0. 335	0. 546	0. 088	0. 031	0. 000
	Ⅶ	0. 093	0. 245	0. 348	0. 225	0. 089
	Ⅷ	0. 013	0. 066	0. 209	0. 352	0. 360
单层空旷房屋	Ⅵ	0. 746	0. 223	0. 031	0. 000	0. 000
	Ⅶ	0. 299	0. 582	0. 104	0. 015	0. 000
	Ⅷ	0. 012	0. 288	0. 583	0. 102	0. 015

根据样本分析得出的震害矩阵，2018~2020 年完成了浦东新区、嘉定区、徐汇区、静安区、长宁区、普陀区、虹口区、松江区、青浦区、宝山区、崇明区、奉贤区、黄浦区、闵行区、金山区、杨浦区等区域各类结构的易损性分析，得到了各类结构按照年代和层数细分的震害矩阵，用于推广到群体建筑中。

5.1.4 量大面广的多层砌体、老旧民房及单层砖柱、钢筋混凝土柱厂房结构易损性评估结果

量大面广的多层砌体、老旧民房及单层砖柱、钢筋混凝土柱厂房结构易损性评估成果太多，限于篇幅，这里仅展示部分结果，如表5.9至表5.12所示。

表5.9　多层砌体易损性评估结果（部分）

编号	区域	层数	结构类型	年代	Ⅵ度	Ⅶ度	Ⅷ度	Ⅵ度震害	Ⅶ度震害	Ⅷ度震害
157	闵行区	1	其他多层砌体	1980	0.04	0.22	0.37	基本完好	轻微破坏	中等破坏
162	闵行区	2	其他多层砌体	1980	0.04	0.22	0.37	基本完好	轻微破坏	中等破坏
163	闵行区	2	其他多层砌体	1980	0.04	0.22	0.37	基本完好	轻微破坏	中等破坏
166	闵行区	2	其他多层砌体	1980	0.04	0.22	0.37	基本完好	轻微破坏	中等破坏
167	宝山区	6	其他多层砌体	2002	0.03	0.18	0.23	基本完好	轻微破坏	轻微破坏
168	宝山区	6	其他多层砌体	2002	0.03	0.18	0.23	基本完好	轻微破坏	轻微破坏
169	宝山区	5	其他多层砌体	2002	0.03	0.18	0.23	基本完好	轻微破坏	轻微破坏
170	宝山区	4	其他多层砌体	2002	0.03	0.18	0.23	基本完好	轻微破坏	轻微破坏
171	宝山区	4	其他多层砌体	2002	0.03	0.18	0.23	基本完好	轻微破坏	轻微破坏
172	宝山区	4	其他多层砌体	2002	0.03	0.18	0.23	基本完好	轻微破坏	轻微破坏
173	宝山区	4	其他多层砌体	2002	0.03	0.18	0.23	基本完好	轻微破坏	轻微破坏
174	宝山区	4	其他多层砌体	2002	0.03	0.18	0.23	基本完好	轻微破坏	轻微破坏
175	宝山区	4	其他多层砌体	2002	0.03	0.18	0.23	基本完好	轻微破坏	轻微破坏
176	宝山区	4	其他多层砌体	2002	0.03	0.18	0.23	基本完好	轻微破坏	轻微破坏
177	宝山区	7	其他多层砌体	2002	0.03	0.18	0.23	基本完好	轻微破坏	轻微破坏
178	宝山区	6	其他多层砌体	2002	0.03	0.18	0.23	基本完好	轻微破坏	轻微破坏
179	宝山区	6	其他多层砌体	2002	0.03	0.18	0.23	基本完好	轻微破坏	轻微破坏
180	宝山区	5	其他多层砌体	2002	0.03	0.18	0.23	基本完好	轻微破坏	轻微破坏
181	宝山区	5	其他多层砌体	2002	0.03	0.18	0.23	基本完好	轻微破坏	轻微破坏
182	闵行区	3	其他多层砌体	2000	0.03	0.18	0.23	基本完好	轻微破坏	轻微破坏
184	闵行区	5	其他多层砌体	2000	0.03	0.18	0.23	基本完好	轻微破坏	轻微破坏
186	闵行区	1	其他多层砌体	2000	0.03	0.18	0.23	基本完好	轻微破坏	轻微破坏
187	闵行区	2	其他多层砌体	2000	0.03	0.18	0.23	基本完好	轻微破坏	轻微破坏
188	闵行区	2	其他多层砌体	2000	0.03	0.18	0.23	基本完好	轻微破坏	轻微破坏
189	闵行区	3	其他多层砌体	2000	0.03	0.18	0.23	基本完好	轻微破坏	轻微破坏
190	闵行区	1	其他多层砌体	1990	0.02	0.15	0.26	基本完好	轻微破坏	轻微破坏
191	闵行区	5	其他多层砌体	1990	0.06	0.22	0.25	基本完好	轻微破坏	轻微破坏

表5.10　老旧民房易损性评估结果（部分）

编号	区域	层数	结构类型	年代	Ⅵ度	Ⅶ度	Ⅷ度	Ⅵ度震害	Ⅶ度震害	Ⅷ度震害
862364	黄浦区	3	老旧房屋	1952	0.20	0.43	0.70	轻微破坏	中等破坏	严重破坏
862365	黄浦区	3	老旧房屋	1952	0.20	0.43	0.70	轻微破坏	中等破坏	严重破坏
862366	黄浦区	3	老旧房屋	1952	0.20	0.43	0.70	轻微破坏	中等破坏	严重破坏
862367	黄浦区	3	老旧房屋	1952	0.20	0.43	0.70	轻微破坏	中等破坏	严重破坏
862377	黄浦区	1	老旧房屋	1924	0.20	0.43	0.70	轻微破坏	中等破坏	严重破坏
862378	黄浦区	1	老旧房屋	1924	0.20	0.43	0.70	轻微破坏	中等破坏	严重破坏
862391	黄浦区	1	老旧房屋	1929	0.20	0.43	0.70	轻微破坏	中等破坏	严重破坏
862392	黄浦区	1	石库门	1920	0.20	0.43	0.70	轻微破坏	中等破坏	严重破坏
862393	黄浦区	3	老旧房屋	1936	0.20	0.43	0.70	轻微破坏	中等破坏	严重破坏
862394	黄浦区	1	老旧房屋	1940	0.20	0.43	0.70	轻微破坏	中等破坏	严重破坏
862395	黄浦区	1	老旧房屋	1931	0.20	0.43	0.70	轻微破坏	中等破坏	严重破坏
862397	黄浦区	2	老旧房屋	1912	0.20	0.43	0.70	轻微破坏	中等破坏	严重破坏
862398	黄浦区	3	老旧房屋	1920	0.20	0.43	0.70	轻微破坏	中等破坏	严重破坏
862399	黄浦区	2	石库门	1932	0.20	0.43	0.70	轻微破坏	中等破坏	严重破坏
862400	黄浦区	2	石库门	1938	0.20	0.43	0.70	轻微破坏	中等破坏	严重破坏
862401	黄浦区	2	石库门	1925	0.20	0.43	0.70	轻微破坏	中等破坏	严重破坏
862402	黄浦区	2	石库门	1935	0.20	0.43	0.70	轻微破坏	中等破坏	严重破坏
862403	黄浦区	2	石库门	1935	0.20	0.43	0.70	轻微破坏	中等破坏	严重破坏
862404	黄浦区	1	老旧房屋	1920	0.20	0.43	0.70	轻微破坏	中等破坏	严重破坏
862421	黄浦区	3	老旧房屋	1929	0.20	0.43	0.70	轻微破坏	中等破坏	严重破坏
862423	黄浦区	2	老旧房屋	1940	0.20	0.43	0.70	轻微破坏	中等破坏	严重破坏
862427	黄浦区	1	石库门	1935	0.20	0.43	0.70	轻微破坏	中等破坏	严重破坏
862433	崇明区	1	老旧房屋	1933	0.20	0.43	0.70	轻微破坏	中等破坏	严重破坏
862435	崇明区	1	老旧房屋	1958	0.20	0.43	0.70	轻微破坏	中等破坏	严重破坏
862439	金山区	3	老旧房屋	1966	0.20	0.43	0.70	轻微破坏	中等破坏	严重破坏
862470	黄浦区	3	石库门	1917	0.20	0.43	0.70	轻微破坏	中等破坏	严重破坏

表 5.11　砖柱厂房易损性评估结果（部分）

编号	区域	层数	结构类型	年代	Ⅵ度	Ⅶ度	Ⅷ度	Ⅵ度震害	Ⅶ度震害	Ⅷ度震害
511	闵行区	1	单层砖柱厂房	2005	0. 05	0. 18	0. 37	基本完好	轻微破坏	中等破坏
474062	宝山区	1	单层砖柱厂房	2000	0. 05	0. 18	0. 37	基本完好	轻微破坏	中等破坏
474063	宝山区	1	单层砖柱厂房	2000	0. 05	0. 18	0. 37	基本完好	轻微破坏	中等破坏
474064	宝山区	1	单层砖柱厂房	2000	0. 05	0. 18	0. 37	基本完好	轻微破坏	中等破坏
474065	宝山区	1	单层砖柱厂房	2000	0. 05	0. 18	0. 37	基本完好	轻微破坏	中等破坏
474066	宝山区	1	单层砖柱厂房	2000	0. 05	0. 18	0. 37	基本完好	轻微破坏	中等破坏
474067	宝山区	1	单层砖柱厂房	2000	0. 05	0. 18	0. 37	基本完好	轻微破坏	中等破坏
474068	宝山区	1	单层砖柱厂房	2000	0. 05	0. 18	0. 37	基本完好	轻微破坏	中等破坏
474069	宝山区	1	单层砖柱厂房	2000	0. 05	0. 18	0. 37	基本完好	轻微破坏	中等破坏
474070	宝山区	1	单层砖柱厂房	2000	0. 05	0. 18	0. 37	基本完好	轻微破坏	中等破坏
474071	宝山区	1	单层砖柱厂房	2000	0. 05	0. 18	0. 37	基本完好	轻微破坏	中等破坏
474072	宝山区	1	单层砖柱厂房	2000	0. 05	0. 18	0. 37	基本完好	轻微破坏	中等破坏
474073	宝山区	1	单层砖柱厂房	2000	0. 05	0. 18	0. 37	基本完好	轻微破坏	中等破坏
474074	宝山区	1	单层砖柱厂房	2000	0. 05	0. 18	0. 37	基本完好	轻微破坏	中等破坏
474075	宝山区	1	单层砖柱厂房	2000	0. 05	0. 18	0. 37	基本完好	轻微破坏	中等破坏
474076	宝山区	1	单层砖柱厂房	2000	0. 05	0. 18	0. 37	基本完好	轻微破坏	中等破坏
474077	宝山区	1	单层砖柱厂房	2000	0. 05	0. 18	0. 37	基本完好	轻微破坏	中等破坏
474078	宝山区	1	单层砖柱厂房	2000	0. 05	0. 18	0. 37	基本完好	轻微破坏	中等破坏

表 5.12　钢筋混凝土柱厂房易损性评估结果（部分）

编号	区域	层数	结构类型	年代	Ⅵ度	Ⅶ度	Ⅷ度	Ⅵ度震害	Ⅶ度震害	Ⅷ度震害
560791	金山区	1	单层钢筋混凝土柱厂房	1990	0. 03	0. 12	0. 20	基本完好	轻微破坏	轻微破坏
560795	金山区	1	单层钢筋混凝土柱厂房	1980	0. 03	0. 12	0. 20	基本完好	轻微破坏	轻微破坏
853270	黄浦区	1	单层钢筋混凝土柱厂房	1916	0. 03	0. 12	0. 20	基本完好	轻微破坏	轻微破坏
853271	黄浦区	1	单层钢筋混凝土柱厂房	1916	0. 03	0. 12	0. 20	基本完好	轻微破坏	轻微破坏
853272	黄浦区	1	单层钢筋混凝土柱厂房	1916	0. 03	0. 12	0. 20	基本完好	轻微破坏	轻微破坏
858245	闵行区	1	单层钢筋混凝土柱厂房	1995	0. 03	0. 12	0. 20	基本完好	轻微破坏	轻微破坏
858247	闵行区	1	单层钢筋混凝土柱厂房	1980	0. 03	0. 12	0. 20	基本完好	轻微破坏	轻微破坏
858248	闵行区	1	单层钢筋混凝土柱厂房	1996	0. 03	0. 12	0. 20	基本完好	轻微破坏	轻微破坏
858250	闵行区	1	单层钢筋混凝土柱厂房	1990	0. 03	0. 12	0. 20	基本完好	轻微破坏	轻微破坏
858252	闵行区	1	单层钢筋混凝土柱厂房	1992	0. 03	0. 12	0. 20	基本完好	轻微破坏	轻微破坏

续表

编号	区域	层数	结构类型	年代	Ⅵ度	Ⅶ度	Ⅷ度	Ⅵ度震害	Ⅶ度震害	Ⅷ度震害
858255	闵行区	1	单层钢筋混凝土柱厂房	1993	0.03	0.12	0.20	基本完好	轻微破坏	轻微破坏
858262	崇明区	1	单层钢筋混凝土柱厂房	1980	0.03	0.12	0.20	基本完好	轻微破坏	轻微破坏
858264	崇明区	1	单层钢筋混凝土柱厂房	1992	0.03	0.12	0.20	基本完好	轻微破坏	轻微破坏
858268	崇明区	1	单层钢筋混凝土柱厂房	1994	0.03	0.12	0.20	基本完好	轻微破坏	轻微破坏
858504	闵行区	1	单层钢筋混凝土柱厂房	2002	0.03	0.12	0.20	基本完好	轻微破坏	轻微破坏
858506	闵行区	1	单层钢筋混凝土柱厂房	2000	0.03	0.12	0.20	基本完好	轻微破坏	轻微破坏
858507	闵行区	1	单层钢筋混凝土柱厂房	1980	0.03	0.12	0.20	基本完好	轻微破坏	轻微破坏
858510	闵行区	1	单层钢筋混凝土柱厂房	1995	0.03	0.12	0.20	基本完好	轻微破坏	轻微破坏
858515	闵行区	1	单层钢筋混凝土柱厂房	2002	0.03	0.12	0.20	基本完好	轻微破坏	轻微破坏
858517	闵行区	1	单层钢筋混凝土柱厂房	1999	0.03	0.12	0.20	基本完好	轻微破坏	轻微破坏
858521	崇明区	1	单层钢筋混凝土柱厂房	1980	0.03	0.12	0.20	基本完好	轻微破坏	轻微破坏
858527	崇明区	1	单层钢筋混凝土柱厂房	1962	0.03	0.12	0.20	基本完好	轻微破坏	轻微破坏
858533	金山区	1	单层钢筋混凝土柱厂房	2000	0.03	0.12	0.20	基本完好	轻微破坏	轻微破坏
858534	金山区	1	单层钢筋混凝土柱厂房	1980	0.03	0.12	0.20	基本完好	轻微破坏	轻微破坏
858770	闵行区	1	单层钢筋混凝土柱厂房	1980	0.03	0.12	0.20	基本完好	轻微破坏	轻微破坏

从对多层砌体、老旧民房及单层砖柱、钢筋混凝土柱厂房结构三种不同结构类型建筑物的易损性评估结果来看，不同结构类型房屋受到建筑年代、建筑材料、设计水平、施工质量及其本身结构体系抗震能力的影响，抗震能力参差不齐。

从分析结果看出，多层砌体结构的抗震性能在Ⅶ度地震烈度下，轻微破坏占比 59%，中等破坏占比 27.6%；Ⅷ度地震时，轻微破坏程度的建筑物占到了总量的 67.3%，但中等破坏的建筑物的比重上升到了 30.7%。多层砌体抗震能力不足的主要原因是部分老旧建筑未按Ⅶ度设防。在今后的建设中，一定要加强施工质量管理，提高墙体砌筑砂浆标号，适当增加墙体厚度，搞好新建工程的抗震设防。

上海市存在一定量的老旧民房，属于易损性较高的房屋建筑，这类房屋砂浆标号偏低，部分墙体裂缝较为明显，抗震性能相对较差。一般来说，Ⅶ度地震烈度时，建筑物基本发生中等破坏及以上破坏，Ⅷ度地震烈度时，建筑物发生严重破坏或毁坏。老旧民房震害预测计算的结果很不理想。这些毁坏和严重破坏的老旧民房，老旧的房屋梁、柱、墙之间的联结差，地震时也易倒塌，砖砌体的旧简屋砂浆标号低，地震时墙体裂缝严重，易造成局部倒塌。

在上海市还存在一定量的未经抗震设防的空旷房屋，抗震性能较差。Ⅶ度地震烈度时，建筑物基本发生中等破坏。Ⅷ度地震烈度时，建筑物将发生中等至严重破坏。

5.2 钢结构及钢结构厂房抗震能力评估

对于上海市地区量大面广的一般建筑物震害能力的评估，可采用结构分类评估法求得样本数据震害矩阵，然后结合平均震害指数法由样本数据震害矩阵获得普查样本的震害矩阵。

浦东新区、静安区、徐汇区、虹口区、嘉定区、普陀区、青浦区、松江区、长宁区、杨浦区、闵行区、金山区、宝山区、奉贤区、崇明区、黄浦区 16 区的普查数据中，钢结构建筑基本全部为钢结构厂房类型。针对普查数据中的单层钢结构厂房，可以用 2003 年震害预测工作中中国地震局工程力学研究所的调查数据作为样本数据，单层钢结构厂房共有 7000 多个。

针对多层钢结构厂房，因 2003 年震害预测工作调查数据中无多层钢结构厂房的样本，故普查数据中的多层钢结构厂房不再利用上述方法进行抗震能力的评估，采用单元破坏度指数法对多层钢结构厂房进行抗震能力评估，普查数据中多层钢结构厂房共有 30000 多个，其中 2 层钢结构厂房 20000 多个，3～5 层钢结构厂房 10000 多个，6～7 层钢结构厂房 1000 多个。

5.2.1 单层钢结构厂房易损性评估方法

单层厂房的震害由抗侧力系统（如排架），围护墙和屋面系统三部分组成，由于这三部分在厂房里起的作用和破坏后修复的难易程度不同，所以厂房的震害应按它们的加权综合评定。厂房的震害指数由公式（5.16）确定：

$$D_F = 0.45\,D_C + 0.3\,D_M + 0.25\,D_R \tag{5.16}$$

式中，D_C 为排架的震害指数；D_M 为围护墙的震害指数；D_R 为屋面系统的震害指数。

单层厂房中排架的震害公式（5.17）定义的柱的受弯指数有关。

$$\lambda_1 = \frac{WH_C}{b_c h^2} \tag{5.17}$$

式中，W 为柱顶上的屋面重量（kg）；H_C 为屋架下弦到柱计算断面的距离（cm）；b_c 为柱断面宽度（cm）；H 为柱断面高度（cm）。

如果一根柱上有几个不同等高的屋面时，柱的受弯指数取：

$$\lambda_1 = \frac{\sum W_i H_{Ci}}{b_c h^2} \tag{5.18}$$

式中，W_i 为第 i 个屋面加在柱上的重量多；H_{Ci} 为第 i 个屋面到柱计算断面的距离。

2003 年震害预测工作计算了 250 多个单层厂房，其中包括现有不同震害程度和基本完好的厂房。在每座厂房里计算了其中一片排架，每根柱计算根部和变断面处，共求得 850 多个 λ_1 值。它们服从对数正态分布。λ_1 的平均值与震害等级的关系如图 5.2 所示，考虑了混凝土强度的影响，排架的震害指数表示为：

$$D_C = \beta_0 + \beta_1 R^{-1} + \beta_2 \lambda_1 \tag{5.19}$$

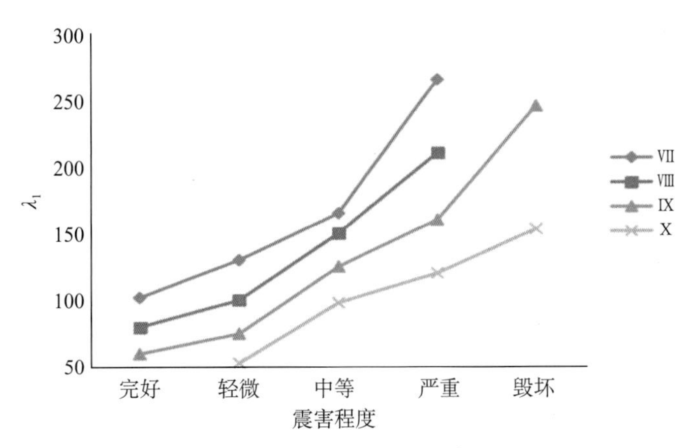

图 5.2　震害程度与 λ_1 平均值的关系

厂房围护墙的震害与墙高指数 λ_2 有关，墙高指数由下式确定：

$$\lambda_2 = \frac{H_M}{b_c \sqrt{S + 1}} \tag{5.20}$$

式中，H_M 为墙高度（cm）；b_c 为墙厚度（cm）；S 为沿墙高设置的圈梁数。

λ_2 的平均值与震害的关系如图 5.3 所示，可用下式表述：

$$D_M = \alpha_1 + \alpha_2 \lambda_2 \tag{5.21}$$

对 $D_C = \beta_0 + \beta_1 R^{-1} + \beta_2 \lambda_1$ 和 $D_M = \alpha_1 + \alpha_2 \lambda_2$ 作回归分析，可求出系数。然后将二式代入 $D_F = 0.45 D_C + 0.3 D_M + 0.25 D_R$ 得：

Ⅶ度地震

$$D_F = 14 R^{-1} + 0.0018 \lambda_1 + 0.011 \lambda_2 - 0.338 + 0.25 D_R \tag{5.22}$$

Ⅷ度地震

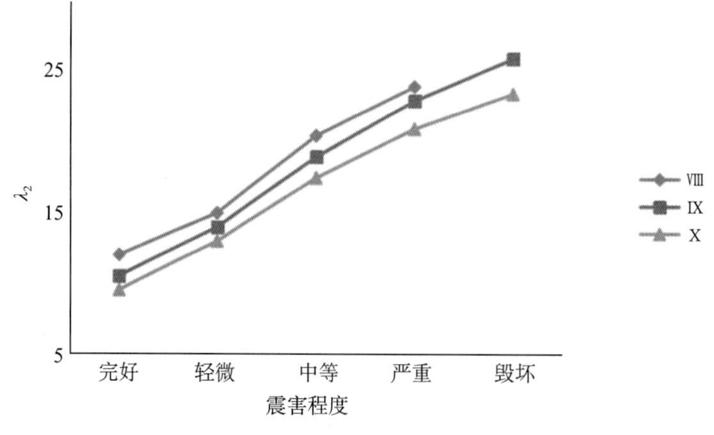

图 5.3　震害程度与 λ_2 平均值关系

$$D_F = 39R^{-1} + 0.002\lambda_1 + 0.011\lambda_2 - 0.349 + 0.25D_R \tag{5.23}$$

Ⅸ度地震

$$D_F = 31R^{-1} + 0.0023\lambda_1 + 0.014\lambda_2 - 0.37 + 0.25D_R \tag{5.24}$$

Ⅹ度地震

$$D_F = 74R^{-1} + 0.0036\lambda_1 + 0.014\lambda_2 - 0.504 + 0.25D_R \tag{5.25}$$

式中，D_R 为屋面系统的震害指数，由表 5.13 得到。

屋面系统的震害主要是由于施工质量和设计上的缺点所致。根据经验把它们分为四种情况分别给出了震害指数。

表 5.13　不同情况下震害指数取值表

烈度	Ⅶ	Ⅷ	Ⅸ	Ⅹ
屋面系统施工质量好，支撑系统完善	0	0.05	0.2	0.35
屋面系统施工质量良好，支撑系统不完善	0.05	0.15	0.35	0.45
屋面系统施工质量较差，支撑系统完善	0.1	0.2	0.4	0.55
屋面系统施工质量较差，支撑系统不完善	0.15	0.3	0.55	0.85

由式（5.22）至式（5.25）求出的 D_F 应按下式进行修正：

$$D_{FM}(I) = D_F(I)\,[1 + \Sigma C_i] \tag{5.26}$$

式中，C_i 为修正系数，由表5.14确定。

表5.14　修正系数确定表

条件	修正系数	
	满足	不满足
1. 无天窗	0	0.15
2. 大型屋面板	0	0.15
3. 结构质量良好	0	0.20
4. 有大于20t的吊车	0	0.15
5. 符合规范TJ 11—78的要求	0.30	0
6. 符合规范TJ 11—74的要求，但不符合TJ 11—78的要求	0.20	0

5.2.2　单层钢结构厂房易损性评估结果

1. 易损性矩阵

根据5.1节所述的方法计算各个样本建筑的震害指数，得到各个样本建筑在不同烈度地震下的震害等级，最终得到的易损性矩阵（不同震害等级的单层钢结构厂房占总数的百分比）如表5.15所示。

表5.15　样本数据中单层钢结构厂房易损性矩阵

震害等级	基本完好	轻微破坏	中等破坏	严重破坏	毁坏
Ⅵ	0.774	0.207	0.019	0.000	0.000
Ⅶ	0.266	0.594	0.128	0.012	0.000
Ⅷ	0.035	0.244	0.586	0.125	0.01

2. 平均震害指数

表5.16　钢结构厂房的震害等级中位数

震害等级	震害指数范围	震害指数中位数
基本完好	$D\leqslant 0.1$	0
轻微破坏	$0.1<D\leqslant 0.3$	0.2
中等破坏	$0.3<D\leqslant 0.55$	0.4
严重破坏	$0.55<D\leqslant 0.85$	0.7
毁坏	$0.85<D$	1.0

各震害等级下的区域内平均震害指数算法为：

$$D = 0 \times 基本完好 + 0.2 \times 轻微破坏 + 0.4 \times 中等破坏 + 0.7 \times 严重破坏 + 1.0 \times 毁坏 \tag{5.27}$$

样本数据中单层钢结构厂房的平均震害指数如表 5.17。

表 5.17　样本数据中单层钢结构厂房的平均震害指数

烈度	Ⅵ	Ⅶ	Ⅷ
平均震害指数	0.049	0.178	0.381

3. 震害等级

表 5.18　普查样本中单层钢结构厂房在不同烈度时的震害等级

烈度	Ⅵ	Ⅶ	Ⅷ
震害等级	基本完好	轻微破坏	中等破坏

5.2.3　多层钢结构厂房易损性评估方法

单元破坏度指数法是在对历史震害数据调查统计的基础上，采用非线性回归分析的数理统计方法，建立针对城市群体建筑物震害预测的简化模型。

1. 破坏程度划分

建筑物的地震破坏程度在地震震害预测中习惯上可划分为 5 个等级，即基本完好、轻微破坏、中等破坏、严重破坏和毁坏。这 5 种破坏程度的具体描述见表 5.19。为了便于震害预测，也采用这种破坏分类。用破坏度指数 D 来表征建筑物的破坏程度，并为每一级破坏对应的破坏度指数赋予一个初值。

表 5.19　不同破坏程度下破坏度指数 D 初值

破坏程度	具体描述	破坏度指数 D 初值
基本完好	砖混结构墙体没有裂缝；框架结构框架梁柱没有裂缝，墙体装饰层表面出现裂缝	1.0
轻微破坏	砖混结构墙体出现裂缝，薄弱部分明显开裂；框架结构梁柱没有裂缝，墙体有裂缝	2.0
中等破坏	砖混结构薄弱墙体出现多道明显裂缝，并发生倾斜；框架结构梁柱有明显开裂，混凝土保护层多处剥落，薄弱墙体出现多道裂缝	3.0

续表

破坏程度	具体描述	破坏度指数 D 初值
严重破坏	砖混结构薄弱处墙体处接近松散状态；框架柱端混凝土被压碎，钢筋外露，薄弱层部分柱濒临倒塌	5.0
毁坏	结构濒临倒塌或已倒塌	8.0

2. 破坏度指数的计算

通过对我国近几十年来一些破坏性地震的震害统计数据调查，从海城地震、唐山地震、丽江地震、伽师地震和包头地震中选取了 15 个居民区内 287 栋震害资料比较齐全的建筑物作为统计样本。根据这些调查数据和以往的震害经验，确实有一些要素对建筑物的破坏有较为显著的影响。通过比较和分析，确定了 7 个主要的影响因素，即设防烈度、场地环境、场地类别、结构类型、层数、建造年代和使用现状，并定义为震害因子，用 d 表示。历史震害资料分析表明，建筑物的破坏程度与这些震害因子之间一般不存在线性关系，因此可以假定表征建筑物破坏程度的破坏度指数 D 是各个震害因子影响系数的乘积，即：

$$D = wd_0 \prod_{i=1}^{N} \prod_{j=1}^{T} d_{ij}^{m_{ij}} \tag{5.28}$$

式中，D 为破坏度指数；w 为地震峰值加速度折算系数，$w=0.4A/0.05g$；A 为建筑物实际遭受的地震动峰值加速度的大小，以 g 为单位；N 为参与计算的震害因子的个数；T 为第 i 个震害因子的取值分类的类别数，见表 5.20；d_0为统计系数；d_{ij}为符合第 j 项分类的第 i 个震害因子；m_{ij}为幂指数，当第 i 个震害因子的实际情况符合第 j 种分类时取 1，其余取 0。

本次工作根据选定的样本建筑物，得到 287 组观测数据，利用最小二乘法求解经验回归系数，进而就可以反求出各个震害因子的影响系数。将同一个震害因子的各类影响系数进行归一（用其中的最小值去除各个系数）处理，并相应调整统计系数 d_0的值。考虑到建筑物致灾因素的复杂性和统计样本本身数目和类型的限制，根据经验，对求得的影响系数又做了适当的调整，最后得到 $d_0=0.98$，而各个震害因子影响系数的最终取值如表 5.20 所示。

表 5.20　各个震害因子影响系数的最终取值

i	震害因子	j	取值分类	d_{ij}
1	设防烈度	1	6 度以下或不设防	2.0
		2	6 度	1.5
		3	7 度	1.1
		4	8 度或 8 度以上	1.0

续表

i	震害因子	j	取值分类	d_{ij}
2	场地环境	1	有利地段：指稳定基岩，坚硬土或者开阔、平坦、密实、均匀的中硬土等	1.0
		2	不利地段：指软弱土，液化土，河岸和边坡缘，非岩质的陡坡、不均匀的土层等	1.8
		3	危险地段：指地震时可能发生滑坡、崩塌、地陷、地裂、泥石流等及跨断层地带	2.8
3	建设用地抗震场地类型	1	Ⅰ类	1.0
		2	Ⅱ类	1.2
		3	Ⅲ类	1.5
		4	Ⅳ类	1.8
4	结构形式	1	钢结构	0.8
		2	钢混结构	1.0
		3	砖混结构	1.8
		4	其他结构，包括竹、木、草、石等简易住房	2.4
5	结构层数	1	1~2层，主要指老旧房屋	1.8
		2	3~5层	1.5
		3	6~8层	1.2
		4	8~10层	1.1
		5	10层以上	1.0
6	建造年代	1	1970年以前	1.8
		2	1970~1979年	1.4
		3	1980~1989年	1.2
		4	1990~1999年	1.0
		5	2000年以后	1.0
7	使用现状	1	一般，主要承重构件保持完好，非承重构件基本无缺陷	1.0
		2	差，主要承重构件有轻微破损或变形，墙体有轻微裂缝等	1.3
		3	有明显缺陷，曾进行过维修或加固	1.7

震害因子取值表中，上海市属于7度设防区，场地环境取不利地段，建设用地抗震场地类型取Ⅳ类。

5.2.4　多层钢结构厂房易损性评估结果

D_1（Ⅵ度）＝ 1/0.05g×0.4×0.018g×0.98×1.1×1.8×1.8×0.8×1.8×1.8×1.0＝1.30

同样方式计算，可以得到

D_1（Ⅶ度）＝2.53

D_1（Ⅷ度）＝5.14

D_2（Ⅵ度）＝1/0.05g×0.4×0.018g×0.98×1.1×1.8×1.8×0.8×1.5×1.8×1.0＝1.09

D_2（Ⅶ度）＝2.11

D_2（Ⅷ度）＝4.29

式中，D_1为 2585 个 1970 年之前的 2 层钢结构厂房的破坏度指数；D_2为 2247 个 1970 年之前的 3~5 层钢结构厂房的破坏度指数。

其他情况的钢结构厂房破坏度系数计算同上面两个算例。

根据破坏度指数获得多层钢结构厂房的破坏程度如表 5.21 所示。

表 5.21　多层钢结构厂房的破坏程度

烈度	Ⅵ	Ⅶ	Ⅷ
1970 年以前的 2 层厂房	基本完好	轻微破坏	严重破坏
1970~1979 年的 2 层厂房	基本完好	基本完好	中等破坏
1980~1989 年的 2 层厂房	基本完好	基本完好	中等破坏
1990 年以后的 2 层厂房	基本完好	基本完好	轻微破坏
1970 年以前的 3~5 层厂房	基本完好	轻微破坏	中等破坏
1970~1979 年的 3~5 层厂房	基本完好	基本完好	中等破坏
1980~1989 年的 3~5 层厂房	基本完好	基本完好	轻微破坏
1990 年以后的 3~5 层厂房	基本完好	基本完好	轻微破坏
1970 年以前的 6~7 层厂房	基本完好	基本完好	中等破坏
1970~1979 年的 6~7 层厂房	基本完好	基本完好	轻微破坏
1980~1989 年的 6~7 层厂房	基本完好	基本完好	轻微破坏
1990 年以后的 6~7 层厂房	基本完好	基本完好	基本完好

上海市建筑钢结构厂房中，单层钢结构厂房在Ⅵ度设防地震下抗震性能表现为基本完好，Ⅶ度设防地震下抗震性能表现为轻微破坏，Ⅷ度设防地震下抗震性能表现为中等破坏；多层钢结构厂房根据建造年代和楼层数分为 12 类，其各自的抗震性能表现如表 5.21 所示，其中 1970 年以前建造的 2 层钢结构厂房在Ⅷ度设防地震下抗震性能表现为严重破坏。

限于篇幅，这里仅展示部分钢结构厂房的易损性评估结果如表 5.22 所示。

表 5.22　钢结构厂房建筑易损性评估结果（部分）

序号	建筑编号	Ⅵ	Ⅶ	Ⅷ
1	855811	基本完好	基本完好	中等破坏
2	510036	基本完好	基本完好	中等破坏
3	513635	基本完好	基本完好	中等破坏
4	513636	基本完好	基本完好	中等破坏
5	894067	基本完好	基本完好	中等破坏
6	509025	基本完好	基本完好	中等破坏
7	509027	基本完好	基本完好	中等破坏
8	513201	基本完好	基本完好	中等破坏
9	513202	基本完好	基本完好	中等破坏
10	513203	基本完好	基本完好	中等破坏
11	519724	基本完好	基本完好	中等破坏
12	520602	基本完好	基本完好	中等破坏
13	906385	基本完好	基本完好	中等破坏
14	973703	基本完好	基本完好	中等破坏
15	508504	基本完好	基本完好	中等破坏
16	518918	基本完好	基本完好	中等破坏
17	517606	基本完好	基本完好	中等破坏
18	518808	基本完好	基本完好	中等破坏
19	518809	基本完好	基本完好	中等破坏
20	518998	基本完好	基本完好	中等破坏
21	520558	基本完好	基本完好	中等破坏
22	521186	基本完好	基本完好	中等破坏
23	521426	基本完好	基本完好	中等破坏
24	525093	基本完好	基本完好	中等破坏
25	525339	基本完好	基本完好	中等破坏
26	897150	基本完好	基本完好	中等破坏
27	511282	基本完好	基本完好	中等破坏
28	525094	基本完好	基本完好	中等破坏
…	…	…	…	…

5.3　钢筋混凝土结构抗震能力评估

5.3.1　钢筋混凝土结构易损性评估方法

根据建筑物的易损性对多层钢筋混凝土框架结构按年代、层数、用途进行归类分析，给出不同分类下的多层钢筋混凝土结构的易损性矩阵。普查样本统计出的不同分类建筑物的面积比例，与不同分类建筑物易损性矩阵进行加权平均，建立预测区的建筑物易损性矩阵。

具体方法是：计算各层层间屈服承载力系数 ξ，确定薄弱楼层和其对应的延伸率 μ，然后依据现行抗震设计规范、抗震鉴定标准及影响震害的因素进行修正，最后得到 μ_{max} 作为其震害的判断指标，从而确定震害情况。

1. 钢筋混凝土框架结构屈服承载力系数计算

楼层地震剪力计算：采用底部剪力法计算不同水准下的地震作用，第 i 层的地震剪力为：

$$V_e(i) = \sum_{i=1}^{n} F_i = \frac{\sum_{i=1}^{n} G_i H_i}{\sum_{j=1}^{n} G_j H_j} F_{EK}(1 - \delta_n) \tag{5.29}$$

层间屈服承载力计算：对于钢筋混凝土框架结构，抗侧力构件是框架柱。当框架出现塑性铰发生屈服，结构就相应进入屈服和位移增大状态，严重者将导致房屋倒塌。框架结构层间屈服承载力为各层框架柱承载力之和，如式（5.30）所示：

$$V_y = \sum_{i=1}^{m} V_y(i) \tag{5.30}$$

式中，m 为结构每一层的柱子根数；$V_y(i)$ 为框架某一层第 i 根柱的屈服强度，按式（5.31）计算：

$$V_y(i) = [M_u^u(i) + M_u^l(i)]/H \tag{5.31}$$

对于多层框架结构的柱子，一般轴压比在 0.2~0.7，此时柱的极限弯矩计算公式可近似简化为：

$$M_{cu} = 0.8A_s f_{yk} h + 0.1bh^2 f_{cmk} \tag{5.32}$$

第 i 层屈服承载力系 ξ 可由以式（5.33）确定，并取求得的承载力系数中最小或较小值所对应的楼层为薄弱层。

$$\xi_y(i) = V_y(i)/V_e(i) \tag{5.33}$$

2. 钢筋混凝土剪力墙结构屈服承载力系数计算

剪力墙结构体系常用于高层建筑。在水平地震作用下，剪力墙的弯曲破坏一般先于剪切破坏。因此，在正常配筋下，剪力墙结构体系所具备的抗弯屈服承载力是衡量其抗震能力的标志。

抗弯屈服承载力计算：对于剪力墙结构，认为受压区混凝土高度 $x>h'f$ ，其抗弯屈服承载力可近似用式（5.34）计算：

$$\begin{aligned} M_{wu} = & f_{cmk}[\xi(1-0.5\xi)bh_0^2 + (b'_f - b)h'_f(h_0 - 0.5h'_f)] \\ & + f'_{yk}A'_s(h_0 - a'_s) + M_{sw} - N\left(\frac{h}{2} - a_s\right) \end{aligned} \tag{5.34}$$

式中，N 为与重力荷载代表值相应的轴压力。

弹性地震弯矩计算：假定把结构受力按倒三角分布，则结构在地震作用下所受剪力为：

$$V_e(i) = \frac{1}{2}qH_i \tag{5.35}$$

根据剪力墙结构抗震设计方法，在该地震剪力作用下，剪力墙所能承担的弹性地震弯矩为：

$$M_e(i) = \frac{1}{3}qH_i^2 = \frac{2}{3}V_e(i)H_i \tag{5.36}$$

式中，$V_e(i)$ 的计算见式（5.29）。

第 i 层屈服承载力系数 ξ 可由式（5.37）确定，并取求得的承载力系数中最小或较小值所对应的楼层为薄弱层。

$$\xi_M(i) = M_{wu}(i)/M_e(i) \tag{5.37}$$

3. 钢筋混凝土结构震害延伸率 μ 计算

$$\mu_{max} = \frac{1}{\sqrt{\xi_{min}}}e^{\alpha(1-\xi_{min})} \tag{5.38}$$

(1) 楼层屈服强度系数沿结构均匀分布，当≥0.5 时，α 取 1.1；当 $\xi<0.5$ 时，α 取 1.9。

(2) 楼层屈服强度系数沿结构不均匀分布，α 取 2.6。

考虑到设防烈度、施工质量、建筑物现状等对抗震能力的影响，需对上式进行修正：

$$\mu = \left(1 + \sum C_i\right)\mu_{max} \tag{5.39}$$

式中，修正系数 C_i 具体取值见表 5.23。其中，根据范夕森在“框架结构震害预测半经验半理论法优化研究”中指出，上文提出的钢筋混凝土结构的易损性评定方法中，2000 年后建成的建筑的最终震害等级不能很好地和理论值相匹配，因此取延伸率的修正系数 C_i 取值为 -0.30。

表 5.23　延伸率的修正系数

条件	修正系数 C_i	
	满足	不满足
现浇钢筋混凝土结构沿高度断面无突变	0	0.20
平面规则	0	0.20
符合规范 TJ 11—74 的要求	-0.20	0
符合规范 TJ 11—78 的要求	-0.25	0
符合规范 GBJ 11—89 或规程 DBJ 08-9—92	-0.27	0
符合规范 GB 50011—2001	-0.30	0

根据算出的延伸率，可由表 5.24 确定震害等级。

表 5.24　延伸率与震害等级的关系

震害等级	基本完好	轻微破坏	中等破坏	严重破坏	毁坏
框架结构	≤1.0	1.0~3.0	3.0~6.0	6.0~10.0	≥10.0
剪力墙结构	≤1.0	1.0~1.5	1.5~3.0	3.0~5.0	≥5.0

5.3.2　钢筋混凝土结构震害等级划分

依据《建（构）筑物地震破坏等级划分》（GB/T 24335—2009），对上海市钢筋混凝土结构遭遇不同水准的地震作用下的破坏等级划分为基本完好（含完好）、轻微破坏、中等破坏、严重破坏、毁坏等五级，见表 5.25。

表 5.25　钢筋混凝土结构震害等级

破坏程度	基本特征
基本完好	承重构件完好；个别非承重构件轻微损坏；附属构件有不同程度破坏。一般不需修理即可继续使用
轻微破坏	个别承重构件轻微裂缝（或残余变形），个别非承重构件明显破坏；附属构件有不同程度的破坏。不需修理或需稍加修理，仍可继续使用
中等破坏	多数承重构件轻微裂缝部分明显裂缝（或残余变形），部分明显裂缝（或残余变形）；个别非承重构件严重破坏。需一般修理，采取安全措施后可适当使用
严重破坏	多数承重构件严重破坏或部分倒塌。应采取排险措施；需大修、局部拆除
毁坏	梁、柱破坏严重，结构濒临倒塌或已倒塌

1. 钢筋混凝土框架结构震害等级划分标准

针对钢筋混凝土框架结构，损伤程度的具体内容见表 5.26。

表 5.26　钢筋混凝土框架结构震害等级划分标准

基本完好	框架梁、柱构件完好；个别非承重构件轻微损坏，如个别填充墙内部或与框架交界处有轻微裂缝，个别装修有轻微损坏等；结构使用功能正常，不加修理可继续使用
轻微破坏	个别框架梁、柱构件出现细微裂缝；部分非承重构件有轻微损坏，如个别有明显破坏，如部分填充墙内部或与框架交界处有明显裂缝等；结构基本使用功能不受影响，稍加修理或不加修理可继续使用
中等破坏	多数框架梁、柱构件有轻微裂缝，部分有明显裂缝，个别梁、柱端混凝土剥落；多数非承重构件有明显破坏，如多数填充墙有明显裂缝等，个别出现严重裂缝等；结构基本使用功能受到一定影响，修理后可使用
严重破坏	框架梁、柱构件破坏严重，多数梁、柱端混凝土剥落、主筋外露，个别柱主筋压屈；非承重构件破坏严重，如填充墙大面积破坏，部分外闪倒塌；或整体结构明显倾斜；结构基本使用功能受到严重影响，甚至部分功能丧失，难以修理或无修复价值
毁坏	框架梁、柱破坏严重，结构濒临倒塌、部分倒塌或已倒塌；结构使用功能不复存在，已无修复价值

2. 钢筋混凝土剪力墙（或筒体）结构震害等级划分标准

针对钢筋混凝土剪力墙（或筒体）结构，损伤程度的具体内容见表 5.27。

表 5.27　钢筋混凝土剪力墙（或筒体）结构震害等级划分标准

基本完好	剪力墙构件完好；个别非承重构件轻微损坏，如个别填充墙内部或与主题结构交界处有轻微裂缝，个别装修有轻微破坏等；结构使用功能正常，不加修理可继续使用
轻微破坏	个别剪力墙表面出现细微裂缝，甚至局部出现了轻微的混凝土剥落现象；部分非承重构件有轻微损坏，或个别有明显破坏，如部分填充墙内部或与主体结构交界处有明显裂缝，玻璃幕墙上个别玻璃碎落等；结构基本使用功能不受影响，稍加修理或不加修理可继续使用
中等破坏	多数剪力墙出现轻微裂缝，部分出现明显裂缝，个别墙端部混凝土剥落；多数非承重构件有明显破坏，如多数填充墙有明显裂缝，个别出现严重裂缝，玻璃幕墙支撑部分变形较大等；结构基本使用功能受到一定影响，修理后可使用
严重破坏	多数剪力墙出现了明显裂缝，个别剪力墙出现了严重裂缝，裂缝周围大面积混凝土剥落，部分墙体主筋屈曲；非承重构件破坏严重，如填充墙大面积破坏，部分外闪倒塌；或整体结构明显倾斜；结构基本使用功能受到严重影响，甚至部分功能丧失，难以修复或无修复价值
毁坏	多数剪力墙严重破坏，结构濒临倒塌或已倒塌；结构使用功能不复存在，已无修复价值

3. 钢筋混凝土框架-剪力墙结构震害等级划分标准

针对钢筋混凝土框架-剪力墙结构，损伤程度的具体内容见表 5.28。

表 5.28　钢筋混凝土框架-剪力墙结构震害等级划分标准

基本完好	框架梁、柱构件及剪力墙构件完好；个别非承重构件轻微损坏，如个别填充墙内部与主体结构交界处有轻微裂缝，个别装修有轻微损坏等；结构使用功能正常，不加修理可继续使用
轻微破坏	个别框架、柱构件或个别剪力墙表面出现细微裂缝，甚至局部出现了轻微的混凝土剥落现象；部分非承重构件有轻微损坏，或个别有明显破坏，如部分填充墙内部或与主体结构交接处有明显裂缝，玻璃幕墙上个别剥落碎落等；结构基本实用功能不受影响，稍加修理或不加修理可继续使用
中等破坏	多数框架梁、柱构件或剪力墙出现轻微裂缝，部分出现明显裂缝。个别梁、柱或剪力墙端部混凝土剥落；多数非承重构件有明显破坏，如多数填充墙有明显裂缝，个别出现严重裂缝，玻璃幕墙支撑部分变形较大等；结构基本使用功能受到一定影响，修理后可使用
严重破坏	多数框架梁、柱构件或剪力墙出现了严重裂缝，裂缝周围大面积混凝土剥落，部分墙体主筋屈曲；非承重构件破坏严重，如填充墙大面积破坏，部分外闪倒塌；或整体结构明显倾斜；结构基本使用功能受到严重影响，甚至部分功能丧失，难以修复或无修复价值
毁坏	多数框架梁、柱构件及剪力墙严重破坏，结构濒临倒塌或已倒塌；结构使用功能不复存在，已无修复价值

5.3.3 量大面广的钢筋混凝土结构易损性评估结果

1. 抽样样本易损性计算

已有的详查样本建筑数据库中较为完好的钢筋混凝土结构共240栋，由于样本数据数量有限，采用5.3.1节中提出的方法。易损性结果见表5.29。其中，240栋房屋编号分别为CYYB-1~CYYB-240（即抽样样本-序号）。

表5.29 钢筋混凝土房屋（抽查）易损性评估结果

编号	Ⅵ度	Ⅶ度	Ⅷ度
CYYB-1	基本完好	基本完好	轻微破坏
CYYB-2	基本完好	基本完好	基本完好
CYYB-3	基本完好	基本完好	基本完好
CYYB-4	基本完好	基本完好	轻微破坏
CYYB-5	基本完好	基本完好	轻微破坏
CYYB-6	基本完好	基本完好	基本完好
CYYB-7	基本完好	基本完好	基本完好
CYYB-8	轻微破坏	中等破坏	严重破坏
CYYB-9	基本完好	基本完好	基本完好
CYYB-10	基本完好	基本完好	中等破坏
CYYB-11	基本完好	基本完好	中等破坏
CYYB-12	基本完好	基本完好	基本完好
CYYB-13	基本完好	基本完好	轻微破坏
CYYB-14	基本完好	基本完好	轻微破坏
CYYB-15	基本完好	基本完好	轻微破坏
CYYB-16	基本完好	基本完好	轻微破坏
CYYB-17	基本完好	基本完好	轻微破坏
CYYB-18	基本完好	基本完好	轻微破坏
CYYB-19	基本完好	轻微破坏	中等破坏
CYYB-20	基本完好	轻微破坏	中等破坏
…	…	…	…

抽样样本数据由于数量较多，在此不一一列出。

对这些易损性评估结果根据房屋面积进行计算，获得该样本易损性矩阵，按年代划分，见表5.30至表5.32。

表 5.30　钢筋混凝土房屋样本数据易损性矩阵（1991 年及以前）

震害等级	基本完好	轻微破坏	中等破坏	严重破坏	毁坏
Ⅵ度	0.903	0.097	0.000	0.000	0.000
Ⅶ度	0.787	0.130	0.084	0.000	0.000
Ⅷ度	0.175	0.551	0.187	0.088	0.000

表 5.31　钢筋混凝土房屋样本数据易损性矩阵（1992~2003 年）

震害等级	基本完好	轻微破坏	中等破坏	严重破坏	毁坏
Ⅵ度	0.944	0.056	0.000	0.000	0.000
Ⅶ度	0.814	0.113	0.073	0.000	0.000
Ⅷ度	0.464	0.323	0.138	0.075	0.000

表 5.32　钢筋混凝土房屋样本数据易损性矩阵（2004 年至今）

震害等级	基本完好	轻微破坏	中等破坏	严重破坏	毁坏
Ⅵ度	0.945	0.055	0.000	0.000	0.000
Ⅶ度	0.840	0.087	0.073	0.000	0.000
Ⅷ度	0.485	0.311	0.129	0.075	0.000

2. 普查样本数据计算及评估结果

根据已有的抽样样本，采用 5.3.1 节提出的方法，对上海市混凝土建筑进行易损性评估，限于篇幅，这里仅展示部分结果，易损性评估结果如表 5.33 所示，抽样样本计算见表 5.34。

表 5.33　混凝土结构易损性评估结果（部分）

建筑编号	建筑高度（m）	建筑名称	区	建筑年份	震害指数			破坏等级		
					Ⅵ度	Ⅶ度	Ⅷ度	Ⅵ度	Ⅶ度	Ⅷ度
157913	33	上海××	闵行区	2007	0.111	0.150	0.277	基本完好	基本完好	轻微破坏
288322	30	虹桥××有限公司	闵行区	1980	0.119	0.164	0.360	基本完好	基本完好	轻微破坏
334993	27	上海××团	闵行区	2000	0.111	0.155	0.283	基本完好	基本完好	轻微破坏
376126	3	上海××实业大厦	闵行区	2004	0.111	0.150	0.277	基本完好	基本完好	轻微破坏
235765	24	××楼	虹口区	1998	0.111	0.155	0.283	基本完好	基本完好	轻微破坏
235761	24	××楼	虹口区	1998	0.111	0.155	0.283	基本完好	基本完好	轻微破坏
234842	3	上海市虹口××足球场	虹口区	1999	0.111	0.155	0.283	基本完好	基本完好	轻微破坏
235167	3	南空××办事处	虹口区	1980	0.1194	0.1639	0.360	基本完好	基本完好	轻微破坏
235329	3	黄渡路××小区	虹口区	1995	0.111	0.155	0.283	基本完好	基本完好	轻微破坏
403833	42	××小区	宝山区	2005	0.111	0.150	0.277	基本完好	基本完好	轻微破坏
410955	9	××实验幼儿园	宝山区	2009	0.111	0.150	0.277	基本完好	基本完好	轻微破坏
410794	3	上海××有限公司	宝山区	2011	0.111	0.150	0.277	基本完好	基本完好	轻微破坏
410795	3	××仓库	宝山区	2011	0.111	0.150	0.277	基本完好	基本完好	轻微破坏
2225459	3	上海××有限公司	青浦区	2000	0.111	0.155	0.283	基本完好	基本完好	轻微破坏
4391291	6	上海××公司	青浦区	2000	0.111	0.155	0.283	基本完好	基本完好	轻微破坏
4391296	3	上海××公司	青浦区	2000	0.111	0.155	0.283	基本完好	基本完好	轻微破坏
2222390	6	××村委会	青浦区	2000	0.111	0.155	0.283	基本完好	基本完好	轻微破坏
2225773	9	××机械	青浦区	1980	0.1194	0.1639	0.360	基本完好	基本完好	轻微破坏
408063	3	上海××厂	宝山区	2011	0.111	0.150	0.277	基本完好	基本完好	轻微破坏
773232	36	大华××苑	宝山区	2004	0.111	0.150	0.277	基本完好	基本完好	轻微破坏
…	…	…	…	…	…	…	…	…	…	…

表 5.34　抽样样本计算（部分）

单位	建筑年代	标号	建筑面积（m^2）	层数	高度（m）	T	α_1	V_e	柱尺寸 1	柱尺寸 2	钢筋面积	M	柱距	V_y	sum$V$	q_i	修正系数	D	破坏等级
上海市××公司	2001	C35	909.14	2	6.70	0.2	0.32	3462	400	400	5000	587	8.00	350	2489	0.72	0.25	1.21	轻微破坏
××有限公司	2001	C25	600.00	2	9.90	0.2	0.32	2285	350	350	3200	320	6.00	129	1077	0.47	0.25	2.98	轻微破坏
浦东大道××号	1994	C40	6081.12	9	33.00	0.9	0.32	23157	800	800	7744	2465	6.00	1344	25233	1.09	0.25	0.65	基本完好
××大楼	1995	C30	7705.00	4	15.00	0.4	0.32	29341	500	500	7500	1079	6.00	575	30784	1.05	0.25	0.69	基本完好
浦东新区××园	2000	C25	3809.60	4	15.60	0.4	0.32	14507	400	300	2560	303	4.80	155	6421	0.44	0.25	3.25	中等破坏
川沙县××	1990	C18	1667.00	5	16.80	0.5	0.08	1587	300	400	2420	205	3.00	122	4525	2.85	0.25	0.06	基本完好
浦东大道××号	1982	C18	2669.10	3	11.60	0.3	0.08	2541	650	240	288	132	2.50	68	9729	3.83	0.25	0.02	基本完好
浦东大道××号	1993	C30	3465.63	7	25.75	0.7	0.32	13197	450	350	1152	226	3.90	123	3995	0.30	0.25	5.13	中等破坏
新川路××号	1988	C28	1083.00	2	9.35	0.2	0.08	1031	400	600	4356	547	3.60	234	9774	9.48	0.25	0.00	基本完好
上海××公司	2001	C30	1035.00	2	3.49	0.2	0.32	3941	600	600	5000	1029	8.00	1179	9535	2.42	0.25	0.10	基本完好
上海××公司	2001	C30	8006.00	2	12.00	0.2	0.32	30487	700	700	5000	1330	10.00	443	17753	0.58	0.25	1.56	轻微破坏
上海市××园区	1995	C20	1161.50	1	11.40	0.1	0.32	4423	400	400	1600	215	6.00	38	1217	0.28	0.25	5.67	中等破坏
上海××公司	1998	C35	18119.40	3	21.00	0.3	0.32	68999	800	800	6400	2084	8.80	595	46436	0.67	0.25	1.31	轻微破坏
张江××公司	2002	C20	25702.00	3	13.20	0.3	0.32	97873	300	600	1936	191	6.00	87	20686	0.21	0.25	7.30	严重破坏
上海××公司	1998	C30	3900.00	3	18.90	0.3	0.32	14851	600	600	10000	1749	6.90	555	15160	1.02	0.25	0.73	基本完好
上海××中心	1997	C20	1892.00	2	10.50	0.2	0.32	7205	500	500	7500	1020	6.00	389	10211	1.42	0.25	0.40	基本完好
上海××中心	2001	C30	2165.00	3	12.30	0.3	0.32	8244	400	400	3872	463	6.00	226	4530	0.55	0.25	1.66	轻微破坏
××公司	2001	C30	7800.00	2	11.00	0.2	0.32	29702	400	600	5808	695	5.00	253	39417	1.33	0.25	0.45	基本完好
××公司	1998	C20	2527.00	2	9.60	0.2	0.32	9623	400	600	7500	812	6.00	338	11877	1.23	0.25	0.52	基本完好
××公司	1998	C30	2432.00	2	8.85	0.2	0.32	9261	450	450	5000	670	7.50	303	6549	0.71	0.25	1.23	轻微破坏

续表

单位	建筑年代	标号	建筑面积（m^2）	层数	高度（m）	T	α_1	V_e	柱尺寸1	柱尺寸2	钢筋面积	M	柱距	V_y	sum$V$	q_i	修正系数	D	破坏等级
××中心	2001	C35	6552.00	3	17.60	0.3	0.32	24950	500	500	2500	509	7.20	173	7307	0.29	0.25	5.31	中等破坏
××超市	2001	C30	929.00	2	7.80	0.2	0.32	3538	400	400	1600	245	5.00	126	2336	0.66	0.25	1.34	轻微破坏
××炉房	2001	C20	158.00	1	5.95	0.1	0.32	602	400	400	1600	215	3.00	72	1269	2.11	0.25	0.15	基本完好
××浴室	2001	C20	951.80	2	8.15	0.2	0.32	3624	400	400	1600	215	5.40	106	1722	0.48	0.25	2.95	轻微破坏
××学楼	2001	C30	27500.00	5	19.25	0.5	0.32	104720	500	500	2500	479	4.50	249	67549	0.65	0.25	1.38	轻微破坏
××公司	1998	C30	8424.00	3	12.40	0.3	0.32	32079	500	300	1500	287	7.50	139	6938	0.22	0.25	7.15	严重破坏
××公司	1998	C30	2761.00	2	8.85	0.2	0.32	10514	450	450	2025	349	7.50	158	3871	0.37	0.25	4.11	中等破坏
××公司	1998	C30	4374.00	2	8.85	0.2	0.32	16656	450	450	2025	349	7.50	158	6133	0.37	0.25	4.11	中等破坏
××公司	1998	C25	6217.00	2	10.30	0.2	0.32	23674	600	450	2700	582	7.50	226	12481	0.53	0.25	1.74	轻微破坏
××公司	1998	C25	10100.00	4	17.00	0.4	0.32	38461	550	550	3025	597	8.00	281	11089	0.29	0.25	5.40	中等破坏
××公司	1997	C30	1298.00	2	13.50	0.2	0.32	4943	500	400	2000	383	6.50	113	1743	0.35	0.25	4.32	中等破坏
××公司	2001	C30	27073.00	4	22.60	0.4	0.32	103094	600	600	3600	827	7.50	293	35236	0.34	0.25	4.48	中等破坏
××公司	2001	C30	8.60	2	13.00	0.2	0.32	33	400	400	1600	245	6.00	75	9	0.28	0.25	5.67	中等破坏
××公司	1994	C28	23000.00	4	20.00	0.4	0.32	87584	600	600	3600	808	6.00	323	51612	0.59	0.25	1.53	轻微破坏
××公司	1999	C30	40567.00	2	18.20	0.2	0.32	154479	600	600	9375	1659	7.20	365	142653	0.92	0.25	0.85	基本完好

5.4 超高层建筑抗震能力评估

对于上海市量大面广的一般建筑物震害能力的评估，可采用结构分类评估法求得样本数据震害矩阵，然后结合平均震害指数法由样本数据震害矩阵获得普查样本的震害矩阵。

然而，超高层建筑缺乏震害经验，不能利用上述方法进行抗震能力的评估。精细化抗震能力分析（如有限元模型时程分析）耗时耗力，不能达到抗震能力快速评估的目的。

因此，对于 150m 以上且经过严格抗震设计又没有震害经验的超高层大型重要建筑物抗震能力的评估，采用美国联邦应急管理署提出的 HAZUS 方法。

5.4.1 超高层建筑易损性评估方法

HAZUS 方法是一种类 Pushover 方法。以在 ADRS（Acceleration-Displacement Response Spectra）格式下求得的能力谱（Capacity Spectrum）曲线与需求谱（Demand Spectrum）曲线的交点作为评估建筑抗震能力的性能点，该性能点代表建筑物所能承受的地震强度及相应的最大位移。根据性能点的位移，在统计意义上，给出建筑达到各种破坏状态的概率。

该方法的关键在于能力谱曲线与需求谱曲线的构造及性能点的求取过程。

1. 能力谱曲线的构造

传统 Pushover 方法的能力谱曲线由推覆曲线转化而来（将基底剪力与建筑物顶层位移的关系转化为谱加速度与谱位移的关系），如下所述：

第 j 振型的层间加速度可由下式计算

$$a_{ij} = \gamma_j X_{ij} S_{aj} \tag{5.40}$$

$$\gamma_j = \left[\frac{\sum_{i=1}^{N}(w_i X_{ij})/g}{\sum_{i=1}^{N}(w_i X_{ij}^2)/g}\right] \tag{5.41}$$

式中，γ_j为第 j 振型的参与系数；X_{ij}为 j 振型 i 质点的振幅；S_{aj}为第 j 个振型的谱加速度；w_i/g 为第 i 层的质量；N 为楼层数；由 $F=ma$ 可得第 j 振型的层间力：

$$F_{ij} = \gamma_j X_{ij} S_{aj} w_i/g \tag{5.42}$$

基底剪力 V：

$$V_j = \sum_{i=1}^{N} F_{ij} = \sum_{i=1}^{N} \gamma_j X_{ij} S_{aj} w_i/g = S_{aj}\gamma_j \sum_{i=1}^{N} X_{ij} w_i/g$$

$$= S_{aj}\frac{\sum_{i=1}^{N}(w_iX_{ij})/g}{\sum_{i=1}^{N}(w_iX_{ij}^2)/g}\times\sum_{i=1}^{N}X_{ij}w_i/g = S_{aj}\frac{\left[\sum_{i=1}^{N}(w_iX_{ij}/g)\right]^2}{\sum_{i=1}^{N}(w_iX_{ij}^2)/g}$$

$$= S_{aj}\frac{\left[\sum_{i=1}^{N}(w_iX_{ij}/g)\right]^2}{\sum_{i=1}^{N}(w_iX_{ij}^2)/g\times\sum_{i=1}^{N}w_i/g}\times\sum_{i=1}^{N}w_i/g = f_jMS_{aj} \tag{5.43}$$

$$S_{aj} = \frac{V_j/M}{f_j} \tag{5.44}$$

式中，M 为建筑物质量；f_j为第 j 振型的有效质量系数（如式（5.45））：

$$f_j = \frac{\left[\sum_{i=1}^{N}(w_iX_{ij})/g\right]^2}{\left[\sum_{i=1}^{N}w_i/g\right]\sum_{i=1}^{N}(w_iX_{ij}^2)/g} \tag{5.45}$$

故 ADRS 格式的能力谱加速度为：

$$S_a = \frac{V/M}{f_1} \tag{5.46}$$

同理，谱位移与顶层位移的关系为：

$$S_d = \Delta_{roof}\cdot f_1^* \tag{5.47}$$

$$f_1^* = \frac{1}{\gamma_1X_{roof,\ 1}} = \frac{\sum_{i=1}^{N}(w_iX_{i1}^2)/g}{\left[\sum_{i=1}^{N}(w_iX_{i1})/g\right]X_{roof,\ 1}} \tag{5.48}$$

式中，S_d为谱位移；Δ_{roof}为建筑物顶层位移；f_1^* 为有效高度系数；$X_{roof,1}$为 1 振型顶层质点振幅。

本方法参考 HAZUS 技术手册，与 Pushover 传统方法区别在于，能力谱曲线由结构的动力特征结合规范直接构造而成。由《建筑抗震设计规范》（GB 50011—2010）可知，结构底部剪力为：

$$F_{\mathrm{Ek}} = \alpha_1 G_{\mathrm{eq}} = 0.85\alpha_1 Mg \tag{5.49}$$

式中，α_1为基本振型下的地震影响系数，将其带入式（5.46），可得

$$S_{\mathrm{a}} = 0.85\alpha_1 g/f_1 = 0.85S_{\mathrm{a1}}/f_1 \tag{5.50}$$

虑设计强度富裕，式（5.50）变为

$$S_{\mathrm{a}} = 0.85\kappa\alpha_1 g/f_1 = 0.85\kappa S_{\mathrm{a1}}/f_1 \tag{5.51}$$

该表达式与HAZUS中的表达式是一致的。

构造能力谱曲线时，需要两个控制点（SD_{y}，SA_{y}）、（SD_{u}，SA_{u}），分别代表屈服点与极限点的谱加速度与谱位移：

$$\left.\begin{aligned} SA_{\mathrm{y}} &= S_{\mathrm{a}} = 0.85\kappa S_{\mathrm{a1}}/f_1 \\ SD_{\mathrm{y}} &= SA_{\mathrm{y}}(T_1/2\pi)^2 \\ SA_{\mathrm{d}} &= \lambda \cdot SA_{\mathrm{y}} \\ SD_{\mathrm{u}} &= \lambda \cdot \mu \cdot SD_{\mathrm{y}} \end{aligned}\right\} \tag{5.52}$$

式中，κ为屈服强度与设计强度之比；T_1为建筑物基本自振周期；λ为极限强度与屈服强度之比；μ为延性系数。

根据我国建筑物抗震设计规范，考虑荷载分项系数与材料强度分项系数以及超高层建筑f_1的范围，确定$A_{\mathrm{y}}=1.7S_{\mathrm{a1}}$，HAZUS中此值约为1.692；参考HAZUS报告，对于现浇钢筋混凝土框架-剪力墙结构、框筒结构，λ可取2.5；延性系数μ可取3.0。

因此，式（5.52）可表示为如下形式：

$$\left.\begin{aligned} SA_{\mathrm{y}} &= 1.7S_{\mathrm{a1}} \\ SD_{\mathrm{y}} &= SA_{\mathrm{y}}(T_1/2\pi)^2 \\ SA_{\mathrm{u}} &= 2.5SA_{\mathrm{y}} \\ SD_{\mathrm{u}} &= 7.5SD_{\mathrm{y}} \end{aligned}\right\} \tag{5.53}$$

2. 需求谱曲线的获得

需求谱曲线由反应谱曲线转化得到，弹性反应谱转至ADRS格式可由下列公式求得：

$$\omega_n = \frac{2\pi}{T_n} \qquad S_{\mathrm{a}}(T_n) = \omega_n^2 S_{\mathrm{d}}(T_n) \tag{5.54}$$

由上式可得谱位移与谱加速度关系如下：

$$S_{\mathrm{d}}(T_n)=\left(\frac{T_n^2}{4\pi^2}\right)S_{\mathrm{a}}(T_n) \tag{5.55}$$

3. 需求谱折减及性能点求取

当建筑物受地震作用进入非线性范围时，建筑物的固有阻尼及滞回阻尼会导致运动过程中产生消能的作用，两项阻尼之和用等效阻尼来代替：

$$\beta_{eq}=\tau\beta_0+0.05 \tag{5.56}$$

式中，β_{eq}为等效阻尼；β_0为滞回行为阻尼；τ为考虑滞回环存在捏拢等因素对滞回阻尼的折减系数，0.05为建筑物的固有阻尼，其与最大变形有关，如下：

$$\beta_0\frac{1}{4\pi}\frac{E_{\mathrm{D}}}{E_{\mathrm{S}}}=\frac{E_{\mathrm{D}}}{2\pi\cdot D\cdot A} \tag{5.57}$$

式中，E_{D}为结构物单周期运动阻尼所消散的能量，由滞回环的面积计算所得；E_{S}为最大应变能；D、A为能力谱曲线某点的谱位移、谱加速度。

等效阻尼的计算以及对滞回能量的折减规则详见ATC-40，不再赘述。将计算所得等效阻尼代入弹性需求谱，可得折减后的需求谱。

通过不断地迭代计算，最终得到能力谱曲线与需求谱曲线的交点，即性能点。

4. 破坏概率的计算

HAZUS用统计概率方式评估建筑物轻微破坏、中等破坏、严重破坏以及完全破坏等破坏状态的可能性。用谱位移S_{d}表示给定地震作用下建筑物的反应，假定某个破坏状态对应的谱位移是对数正态分布的，在给定谱位移S_{d}的条件下，震害落入或超过某个破坏状态d_{s}的累计概率可由下式求出：

$$P_{\mathrm{c}}[ds\mid S_{\mathrm{d}}]=\Phi\left[\frac{1}{\beta_{\mathrm{ds}}}\ln\left(\frac{S_{\mathrm{d}}}{S_{\mathrm{d,ds}}}\right)\right] \tag{5.58}$$

式中，$\bar{S}_{\mathrm{d,ds}}$、β_{ds}分别为某个破坏状态对应的谱位移的均值及其自然对数的标准差（取值可参考HAZUS技术报告）；Φ为标准正态累积分布函数。谱位移均值与建筑物顶层层间位移角均值的关系如下：

$$\bar{S}_{\mathrm{d,ds}}=\theta_{\mathrm{ds}}\cdot f_1^*\cdot H \tag{5.59}$$

式中，θ_{ds}为层间位移角的均值；H为建筑物总高度。

求出各个破坏状态的累积概率后，可按照下式计算基本完好（N）、轻微破坏（S）、中等破坏（M）、严重破坏（E）和完全破坏（C）的概率：

$$\left.\begin{aligned}P(C)&=P_c(C\mid S_d)\\P(E)&=P_c(E\mid S_d)-P_c(C\mid S_d)\\P(M)&=P_c(M\mid S_d)-P_c(E\mid S_d)\\P(S)&=P_c(S\mid S_d)-P_c(M\mid S_d)\\P(N)&=1.0-P_c(S\mid S_d)\end{aligned}\right\}\tag{5.60}$$

5.4.2　超高层建筑易损性评估步骤

1. 构造能力谱曲线

根据经验公式得到的基本自振周期 T_1，参照《上海市建筑抗震设计规程》（DGJ 08-9—2013），计算出 S_{a1}，代入式（5.53），可得到能力谱曲线的两个控制点。从坐标原点到屈服点为一条直线，函数形式为$f(x)=(A_y/D_y)\cdot x$；超过极限点为一水平线；屈服点与极限点之间为一条圆滑的过渡曲线 $h(x)$，宜满足以下条件：

$$\begin{cases}h(D_y)=f(D_y) & \text{且} \quad h'(D_y)=A_y/D_y\\h(D_u)=A_u & \text{且} \quad h'(D_y)=0\end{cases}\tag{5.61}$$

2. 转化需求谱曲线

由规范求得地震烈度Ⅵ、Ⅶ、Ⅷ度规烈度定的不同场地类别、地震分组对应的设计加速度反应谱，根据式（5.55）转化得到 3 条需求谱曲线。最后得到的需求谱与能力谱曲线如图 5.4 所示。

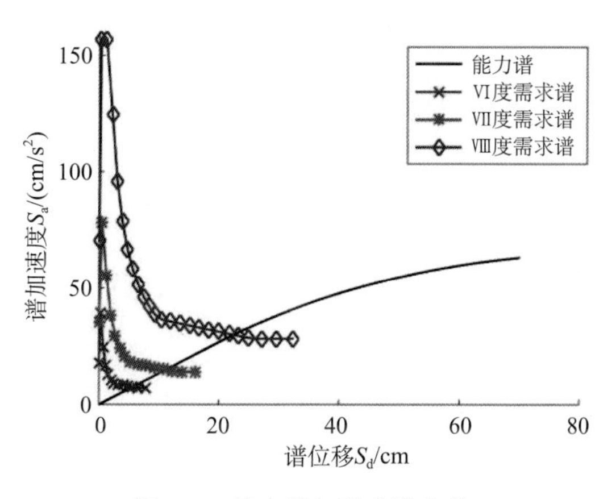

图 5.4　能力谱与需求谱曲线

3. 求取性能点

（1）选择一试误点（这里选择（D_u，A_u）），当作迭代过程的起始点。

（2）利用式（5.56）计算等效阻尼，代入式（5.55）的需求谱，得到折减后的需求谱曲线。

（3）求取能力谱曲线与折减后需求谱曲线的交点，若交点与步骤（1）中试误点误差在5%范围内，则交点为性能点；否则，重复步骤（1）~（3），并将此步的交点作为步骤（1）中的下一个试误点。

4. 求取易损性矩阵

规范中规定的弹性层间位移角限值与弹塑性层间位移角限值分别为 1/800 与 1/100，HAZUS 推荐的各限值数值基本为线性变化规律。因此，确定各震害等级对应的层间位移角的均值如表 5.35 所示。最后由性能点 S_d值与式（5.60），求得建筑物的易损性矩阵。

表 5.35　各震害等级层间位移角均值

轻微破坏	中等破坏	严重破坏	毁坏
0.00125	0.0025	0.005	0.01

编制 MATLAB 程序（1 主程序+4 子函数）实现建筑物数据的自动读取、易损性矩阵的计算以及结果文件的输出，整个程序的流程与实现如图 5.5 所示。

5.4.3　超高层建筑易损性评估结果

1. 方法验证

选取某超高层建筑作为算例，将结果与中国地震局工程力学研究所在 2003 年开展的震害预测结果进行对比，验证本方法的正确性。

为保证结果一致，采用与中国地震局工程力学研究所相同的参数：基本设防烈度为 7 度，设计反应谱加速度最大值为 0.08g；构建能力谱曲线的特征周期取 0.90s，震害预测特征周期取 0.65s。Ⅵ、Ⅶ、Ⅷ度下对应性能点的谱位移分别为 6.0、12.0、24.0cm，中国地震局工程力学研究所的预测结果分别为 6.0、12.0、24.0cm。本方法采用《建筑抗震设计规程》（DGJ 08-9—2013）类似的处理方法，增加了反应谱 6.0s 到 10.0s 之间的水平段。相应地，由本方法取得的某高层建筑易损性矩阵如表 5.36 所示。由表 5.36 可知某高层建筑在不同烈度下各震害状态的概率，与中国地震局工程力学研究所得出的结果对比如图 5.6 所示。

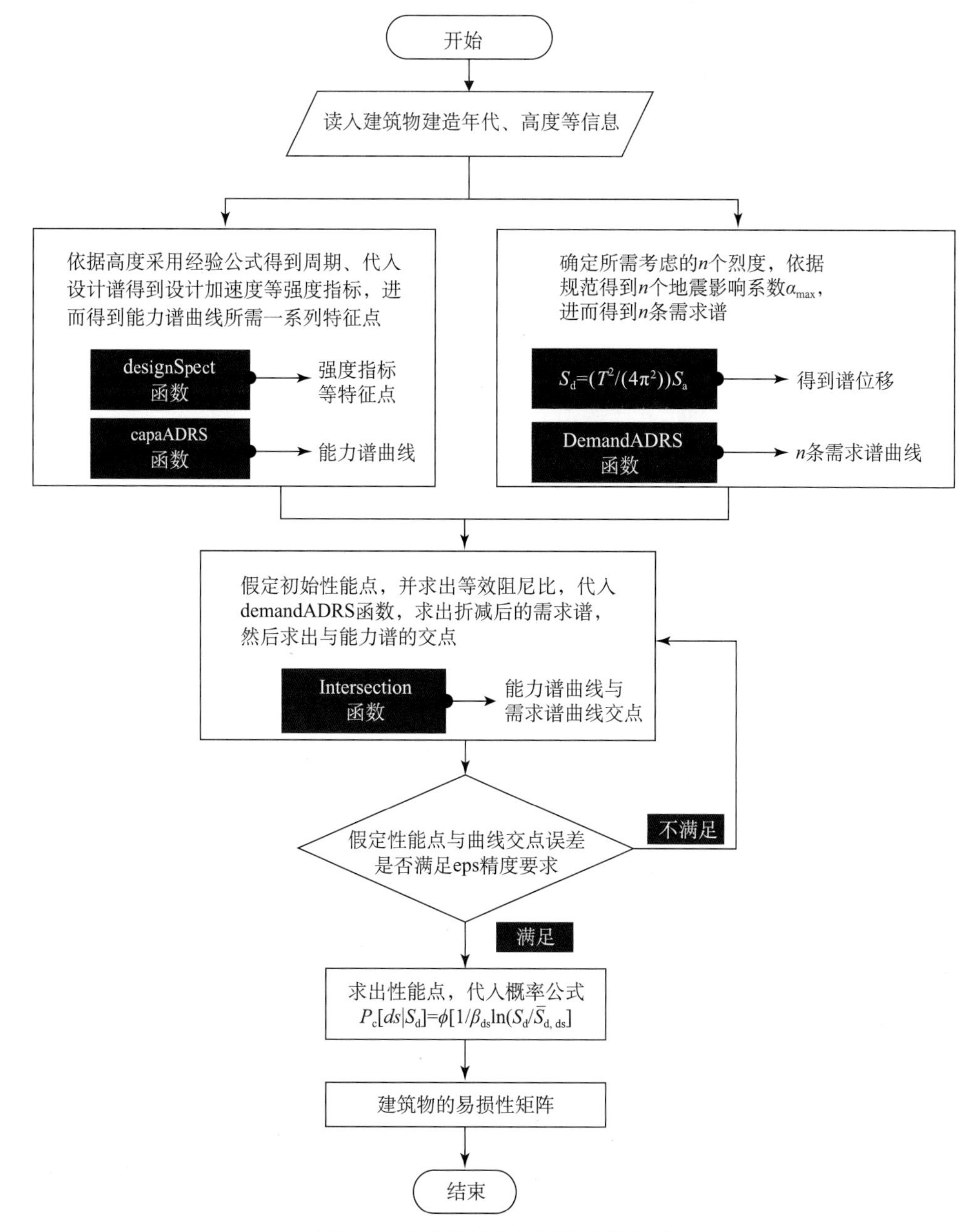

图 5.5　建筑物易损性矩阵计算流程

表 5.36　某超高层建筑易损性矩阵

地震烈度	基本完好	轻微破坏	中等破坏	严重破坏	毁坏
Ⅵ	0.993	0.007	0.000	0.000	0.000
Ⅶ	0.922	0.073	0.005	0.000	0.000
Ⅷ	0.658	0.274	0.062	0.005	0.001

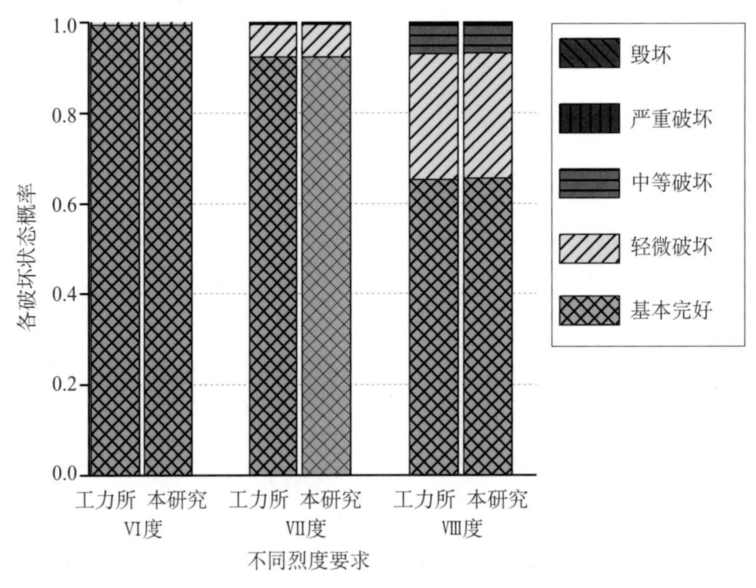

图 5.6　某超高层建筑易损性矩阵对比

2. 超高层建筑分布

上海市拥有 GPS 坐标记录的 150m 以上超高层建筑共 160 栋，其中浦东新区 75 栋、黄浦区 29 栋、静安区 22 栋、徐汇区 11 栋、虹口区 10 栋、普陀区 6 栋、长宁区 5 栋、杨浦区 1 栋、奉贤区 1 栋。建筑分布如图 5.7 所示。

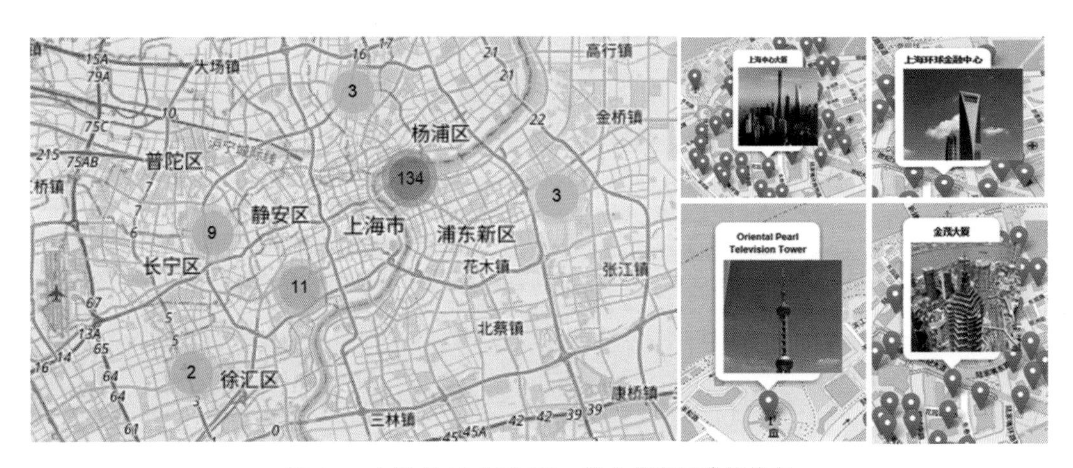

图 5.7　上海市 16 个区 150m 以上超高层建筑分布

3. 超高层建筑易损性评估

由于建筑物的建造年代不同，所依据的规范/规程不同，构造能力谱曲线时依据的反应谱曲线形状及特征周期值亦有所区别，需区别对待。根据本方法，对普查得到的信息完整的上海市 16 个区 160 栋高度 150m 以上的建筑进行快速易损性评估，部分结果如表 5.37 所示。

表 5.37　超高层建筑易损性评估（部分）

序号	建筑编号	Ⅵ度	Ⅶ度	Ⅷ度
1	113155	基本完好	基本完好	轻微破坏
2	113157	基本完好	基本完好	轻微破坏
3	113467	基本完好	基本完好	轻微破坏
4	113507	基本完好	基本完好	基本完好
5	113672	基本完好	基本完好	轻微破坏
6	113680	基本完好	基本完好	轻微破坏
7	113705	基本完好	基本完好	基本完好
8	113834	基本完好	基本完好	轻微破坏
9	113890	基本完好	基本完好	基本完好
10	113902	基本完好	基本完好	基本完好
11	113903	基本完好	基本完好	轻微破坏
12	113933	基本完好	基本完好	轻微破坏
13	114190	基本完好	基本完好	基本完好
14	114268	基本完好	基本完好	基本完好
15	114292	基本完好	基本完好	基本完好
16	114472	基本完好	基本完好	轻微破坏
17	117202	基本完好	基本完好	轻微破坏
18	118817	基本完好	基本完好	基本完好
19	118891	基本完好	基本完好	基本完好
20	401016	基本完好	基本完好	轻微破坏
21	401211	基本完好	基本完好	轻微破坏
22	637369	基本完好	基本完好	轻微破坏
23	637372	基本完好	基本完好	轻微破坏
24	637380	基本完好	基本完好	轻微破坏
25	637387	基本完好	基本完好	基本完好
26	637422	基本完好	基本完好	轻微破坏
27	637516	基本完好	基本完好	基本完好
28	637543	基本完好	基本完好	轻微破坏
29	637566	基本完好	基本完好	基本完好
30	637574	基本完好	基本完好	基本完好
31	637586	基本完好	基本完好	基本完好

续表

序号	建筑编号	Ⅵ度	Ⅶ度	Ⅷ度
32	637590	基本完好	基本完好	轻微破坏
33	637611	基本完好	基本完好	基本完好
34	637619	基本完好	基本完好	基本完好
35	637802	基本完好	基本完好	基本完好
36	637871	基本完好	基本完好	基本完好
37	637874	基本完好	基本完好	基本完好
38	637890	基本完好	基本完好	轻微破坏
39	637891	基本完好	基本完好	轻微破坏
40	637902	基本完好	基本完好	轻微破坏
41	637932	基本完好	基本完好	基本完好
42	637935	基本完好	基本完好	轻微破坏
43	637956	基本完好	基本完好	轻微破坏
44	637957	基本完好	基本完好	轻微破坏
45	638005	基本完好	基本完好	基本完好
46	638006	基本完好	基本完好	轻微破坏
47	638043	基本完好	基本完好	基本完好
48	638044	基本完好	基本完好	基本完好
49	638068	基本完好	基本完好	基本完好
50	63839w1	基本完好	基本完好	轻微破坏
51	638533	基本完好	基本完好	基本完好
52	638539	基本完好	基本完好	轻微破坏
53	638668	基本完好	基本完好	基本完好
54	638686	基本完好	基本完好	轻微破坏
55	638731	基本完好	基本完好	基本完好
56	638750	基本完好	基本完好	轻微破坏
57	638751	基本完好	基本完好	基本完好
58	638757	基本完好	基本完好	基本完好
59	638759	基本完好	基本完好	基本完好
60	638770	基本完好	基本完好	轻微破坏
61	638846	基本完好	基本完好	轻微破坏
62	638897	基本完好	基本完好	基本完好

续表

序号	建筑编号	Ⅵ度	Ⅶ度	Ⅷ度
63	638963	基本完好	基本完好	轻微破坏
64	638978	基本完好	基本完好	轻微破坏
65	638979	基本完好	基本完好	轻微破坏
66	638981	基本完好	基本完好	轻微破坏
67	639104	基本完好	基本完好	轻微破坏
68	639132	基本完好	基本完好	基本完好
…	…	…	…	…

相应地，在上表的基础上，归纳统计出上海市 16 个区超高层建筑的易损性矩阵，如表 5.38 所示。

表 5.38　超高层建筑易损性矩阵

震害等级	基本完好	轻微破坏	中等破坏	严重破坏	毁坏
Ⅵ度	1.000	0.000	0.000	0.000	0.000
Ⅶ度	1.000	0.000	0.000	0.000	0.000
Ⅷ度	0.650	0.350	0.000	0.000	0.000

注：对设置有减、隔震装置的建筑宜应用精细有限元方法进行分析。

根据表 5.38 上海市 16 个区超高层建筑易损性矩阵结果可知Ⅷ度及以下地震烈度下结构基本完好或发生轻微破坏。Ⅷ度地震烈度下发生轻微破坏的结构均为 2003 年及以前建成的建筑及建筑高度大于 400m 的建筑。

震害预测结果满足规范中小震不坏、中震可修的要求，表明上海市 150m 以上的超高层建筑在Ⅷ度及以下地震烈度下抗震性能良好。

第6章　典型建筑结构精细化有限元分析

在进行上海市建筑抗震能力调查评估工作中，共选择了10个不同结构类型的建筑物建模，进行结构动力反应分析，限于篇幅，本书将选取6个不同结构类型的代表性建筑进行结构精细化有限元分析。主要工作是搜集6个典型建筑的详细建筑物资料，建立精细化数值模型，对其输入与上海地面运动特性相符且具有代表性的地震动加速度时程记录，用时程分析法对上述典型结构进行不同地震烈度下的地震反应计算分析。

6.1　结构地震反应分析方法的选取

结构的地震响应与地震动、场地条件和结构的自身特性（包括结构的刚度、长度、质量和阻尼等）密切相关，特别是对结构进行动力特性分析时，随着对结构自身特性的研究和对地震动分析的深入，研究人员对结构地震动力反应的认识也逐步提高。早年研究主要针对地震动的谱成分含量及结构的非弹性进行研究并取得了深刻的认识，近些年研究较多的是地震活动性对结构不同破坏阶段的研究，与此同时，发展了结构地震反应的研究方法。

场地条件对地震动的峰值加速度和频谱形状具有重要影响，并且与不同类型工程结构的地震反应和震害机理有相当密切的关系。上海地区的第四纪沉积土层呈水平层状分布，基岩埋深达300m左右，因此上海地区上覆深厚、软弱的沉积土层对场地的地震反应特性无疑具有重要影响。利用经验公式计算可知，上海市区大致的卓越周期为0.65~0.8s，工程设施的自振周期应尽量避免处于这一范围。此外，由于与地震发生有关的活动性断裂不发育，地震对上海市区的区域工程场地影响不会很大，在抗震设防烈度为7度的情况下，仅在北部河口带、黄浦江、苏州河局部的两侧以及西部局部地区可能会发生震动液化，但市区内工程场地不会发生震陷灾害。

建筑结构在地震作用下的易损性分析一般采用反应结构动力特性的精细化有限元三维模型，准确反应结构中每一构件的材料特性、截面特征，得到满足功能要求的能力谱曲线，或者得到某一地震水准下的结构性能状态。结构地震反应分析方法的发展过程先后经历了静力法、反应谱法、动力时程分析法和基于结构性能的抗震设计理论四个阶段。

静力法原理简单将结构视为刚体构造，忽略了结构本身（结构自振周期、阻尼等）的动力反应，无法考虑荷载往复作用的影响，这对分析低矮的、刚性较大的建筑是可行的，对于准确分析高层建筑等具有一定柔性的结构物则会产生较大误差。

反应谱法将结构分为多个振型，采用振型叠加的方法计算其动力反应，适用于多自由度线弹性体系，但是反应谱是基于弹性动力反应分析获得的，无法确定结构的弹塑性反应。

动力时程分析法是动力弹塑性（非线性）方面的分析，通过时间积分的方式来直接计算动力微分方程，通过位移增量来计算每一个时间增量的结果，是一种非线性分析的方法。动力法与反应谱法相比具有更高的精确性，并在获得结构非线性恢复力的基础上，很容易求解结构非弹性阶段的各种反应量。基于结构性能的抗震设计是指选择的结构设计准则需要实现多级性能目标的一套系统方法。该方法实现了结构性能水准、地震设防水准和结构性能目标的具体化，并给出了三者之间明确的关系。

从地震动的振幅、频谱和持时三要素看，抗震设计理论的静力法只考虑了高频震动振幅的最大值，反应谱方法进一步考虑了频谱，而动力时程分析法则同时考虑了振幅、频谱和持时的影响，使得计算结果更加合理，故本书中的结构动力反应分析统一采用动力时程分析法进行计算。

6.2　砌体结构精细化有限元动力时程分析

6.2.1　结构概况

选取结构形式为典型砌体结构的小学教学楼为研究对象进行有限元动力时程分析，该教学楼建于 1986 年，为 4 层建筑结构，长 36.6m、宽 7.7m，建筑层高 3.3m，建筑物总高度为 13.5m。建筑平面示意图见图 6.1 和图 6.2。根据《建筑工程抗震设防分类标准》(GB 50223—2008)，该房屋为乙类建筑（重点设防类），抗震设防烈度为 7 度，设计基本地震加速度为 0.10g，地震分组为第一组，Ⅳ类场地，结构阻尼比取 5%。

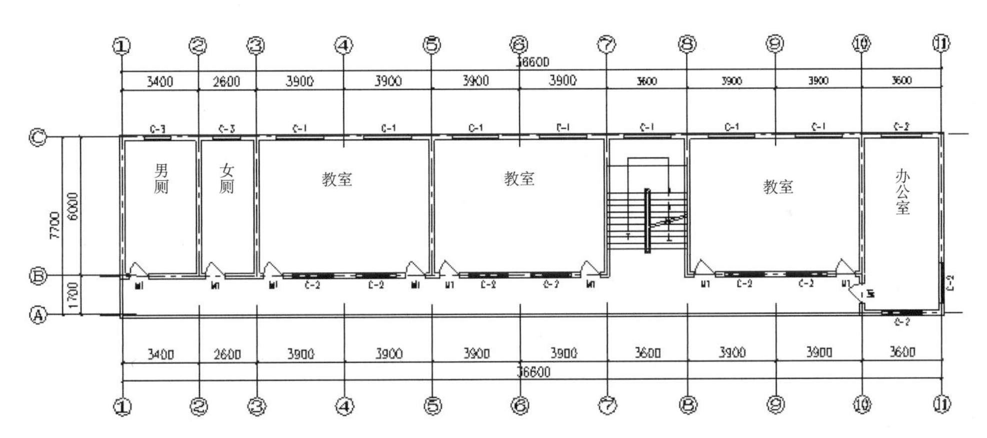

图 6.1　房屋底层建筑平面示意图

教学楼采用砖混结构形式，楼盖采用预制空心板，屋盖为预制空心板、上现浇 40mm 厚细石混凝土（带钢筋），结构承重墙体采用普通黏土砖，厚 240mm，大开间教室中间设置混凝土构造柱，阳台为悬挑结构。经抗震鉴定现场检测，墙、板、混凝土梁柱及节点等主体结构基本完好，该房屋砖强度可评定为 MU10，房屋砂浆强度为 M1。楼层无圈梁。

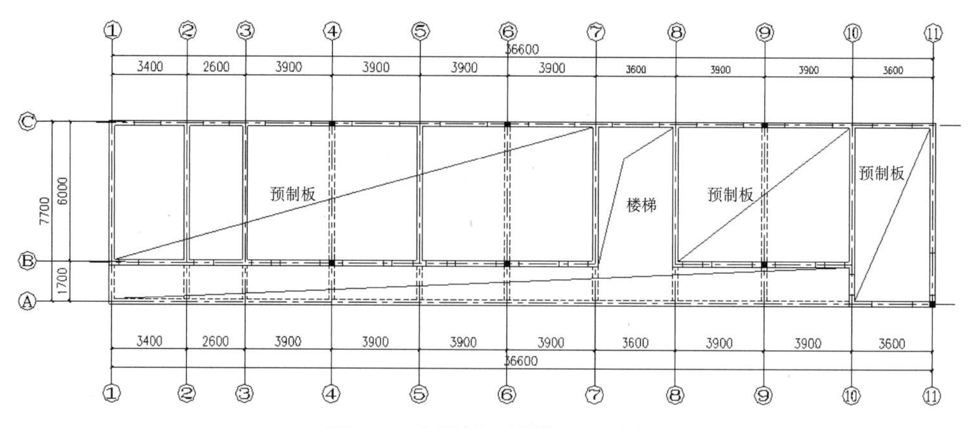

图 6.2　房屋标准层结构平面图

6.2.2　结构模型建立方法

考虑到砌体结构的离散性特点，砌体结构的有限元模型可采用两种不同的模式：离散式模型或者整体式模型，如图 6.3 所示。离散性模型，即将块体和块体间的灰缝分别采用不同的材料模型按不同的单元处理，并将块体和灰缝的交界面处做诸如接触等性质的处理，或者直接将块体之间做接触处理来模拟灰缝的作用。采用离散性单元模拟砌体结构的方法，与砌体结构实际的结构特点较为相似，但是划分单元较多，计算量较大，且其弹性模量离散性太大，不易收敛。整体式模型，即将整个砌体墙体看做一个统一性质的单元，忽略块体和砂浆之间的相互作用，整体式模型适用于研究结构宏观反应情况，建模方便，但关键在于材料模型的本构关系、破坏准则的选取；缺点是忽略了砂浆之间的相互作用后，不能区分灰缝的开裂、块体滑移及开裂等失效机理，带有一定的局限性。由于主要关注结构宏观抗震性能，因此本文采用易于建立和方便计算的整体式有限元模型建立底层框架砌体结构模型：整个墙体采用类似素混凝土、具有各向同性的均匀连续体来模拟。

图 6.3　离散式和整体式模型

6.2.3　单元选取与模型建立

本节中砌体墙作为整体建立，混凝土梁板柱构件、构造柱和钢筋层各自建立好之后，再进行组装。砌体墙体构件和混凝土构件采用实体单元建立，钢筋采用 rebar layer 方法建立：首先建立壳单元，然后把钢筋面层的属性赋给所属壳单元，最后用 embeded region 法把钢筋壳面嵌入到混凝土实体中。

在实际工程中，砌体结构中的混凝土构件和砌体墙体间的连接对砌体结构整体抗震性能有重要影响，比如预制楼板间、预制楼板与砌体墙间。而 ABAQUS/CAE 中提供了较为丰富的定义模型相互作用（interaction）属性单元及约束（constraint）属性单元，本计算工作采用约束模块中的 Tie 约束模拟砌体结构模型中砌体墙和混凝土梁柱之间的连接，考虑到实际结构中构造柱与砌体墙体间有拉结钢筋，且接触面做成马牙搓，因此墙体间用 coupling 约束（耦合约束）来代替拉结钢筋对墙体的拉结约束作用，结构模型图如图 6.4 所示。

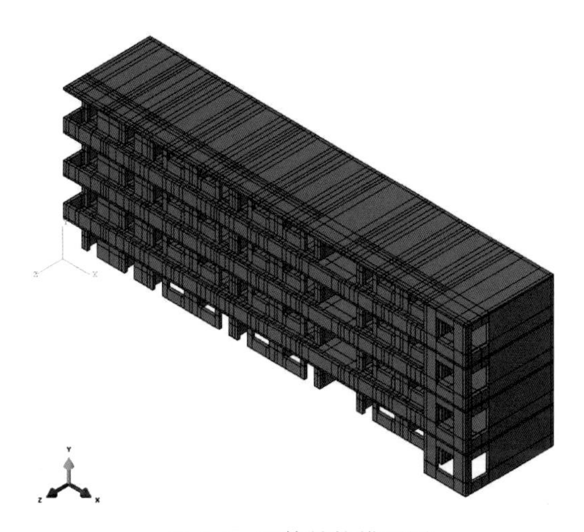

图 6.4　砌体结构模型图

6.2.4　材料本构与结构破坏准则

本节中模拟砌体结构材料特性采用 ABAQUS 中的 Concrete Damaged Plasticity 材料模型。Concrete Damaged Plasticlty 通过定义开裂后的拉伸和压缩强化性能来模拟混凝土开裂后的应力-应变性能。拉伸应力-应变关系开裂后的性能是通过给出一个关于开裂应变的破裂应力、破裂应变函数关系确定的。开裂应变定义为全应变减去相应于非破坏材料的弹性应变：$\varepsilon_t^{ck} = \varepsilon_t - \varepsilon_{0t}^{d}$。拉伸强化数据以一系列开裂应变 ε_t^{ck} 的形式给定。

对于压缩性能，可以定义素混凝土超过弹性范围的应力应变关系。压应力数据是以关于非弹性应变ε_c^{in}的应力-应变函数关系给定，且压应力、应变的取值均应该是正值。压缩强化数据以一系列非弹性应变的形式给定，以代替塑性应变 ε_c^{pl}。压缩非弹性应变定义为全应变减去相应于非破坏材料的弹性应变。Concrete Damaged Plasticity 模型中，结构的破坏准则定义类似于东北大学的王述红等在模拟三相复合材料砌体模型时采用的损伤阈值法，在 Concrete Damaged Plasticity 模型认为结构在拉伸或压缩超过弹性范围时即开始出现破坏，破坏参数分别由拉伸破坏参数 d_t 和压缩破坏参数 d_0 给定；拉伸破坏参数 d_t 为关于拉伸开裂应变的函数，压缩破坏参数 d_0 为关于压缩非弹性应变的函数。

Concrete Damaged Plasticity 中需要给定的应力、应变数据，由唐仕新著的《砌体结构》中提供的单段式本构关系确定；对于本构关系中弹性阶段的确定，借鉴清华大学叶列平教授等著的《混凝土结构》的结论：对于普通强度混凝土的弹性极限点约为峰值点应力的 0.3~0.4 倍，即 $\sigma_0=(0.3\sim0.4)f_c$。对于高强混凝土而言弹性极限点约为峰值点应力的 0.5~0.7 倍，即 $\sigma_0=(0.5\sim0.7)f_c$。

查阅国家标准《烧结普通砖》(GB/T 5101—2017)、《砌体结构设计规范》（GB 50003—2011）可知 M10 砌体材料的相关参数，材料密度 $\rho=1600\mathrm{kg/m^3}$，泊松比 $\nu=0.15$，抗压强度设计值 $f_{cu}=1.5\mathrm{MPa}$，弹性模量 $e=2.4\times10^9\mathrm{Pa}$。

6.2.5　结构动力特性分析

采用 ABAQUS 隐式求解功能中的线性摄动分析步（Linear perturbation）进行模态分析，选用 Lanczos 求解器和单精度算法进行计算求得砌体结构前 3 阶振型和周期，表 6.1 为砌体结构模态分析信息汇总，图 6.5 为砌体结构振型图。

表 6.1　砌体结构模态分析

阶数	自振周期/s	自振频率/Hz
1	0.356	2.8058
2	0.283	3.5379
3	0.248	4.0372

6.2.6　地震动输入

模型采用两个分析步计算结构在地震作用下的反应。两个分析步均利用单精度的动力显式解法，采用显式解法时增量自动设置。第一个分析步为静荷载的输入与计算。静荷载包括自重荷载和荷载值为 $3\mathrm{kN/m^2}$ 的楼板均布外荷载。由于采用动力算法求解静力问题，为防止荷载值较大静力的突然加入对结构引起的冲击效应，采用单调递增稳步加载的方式。当第一个分析步计算完毕时，结构在竖向静力荷载作用下处于稳定状态，并将结构在静力荷载作用下的效应引入第二个分析步。

第二个分析步为地震动的输入与计算。采用 2 号线东延伸金科路取样处理后的人工波，对模型分别输入 2 个正交水平向（X 向、Y 向）的地震动，计算结构在多遇地震、设防地震和罕遇地震 3 种设防类型下的动力反应，每种类型分别输入 3 个地震动，共计 18 种工况如表 6.2 所示，计算步长均为 0.01s。

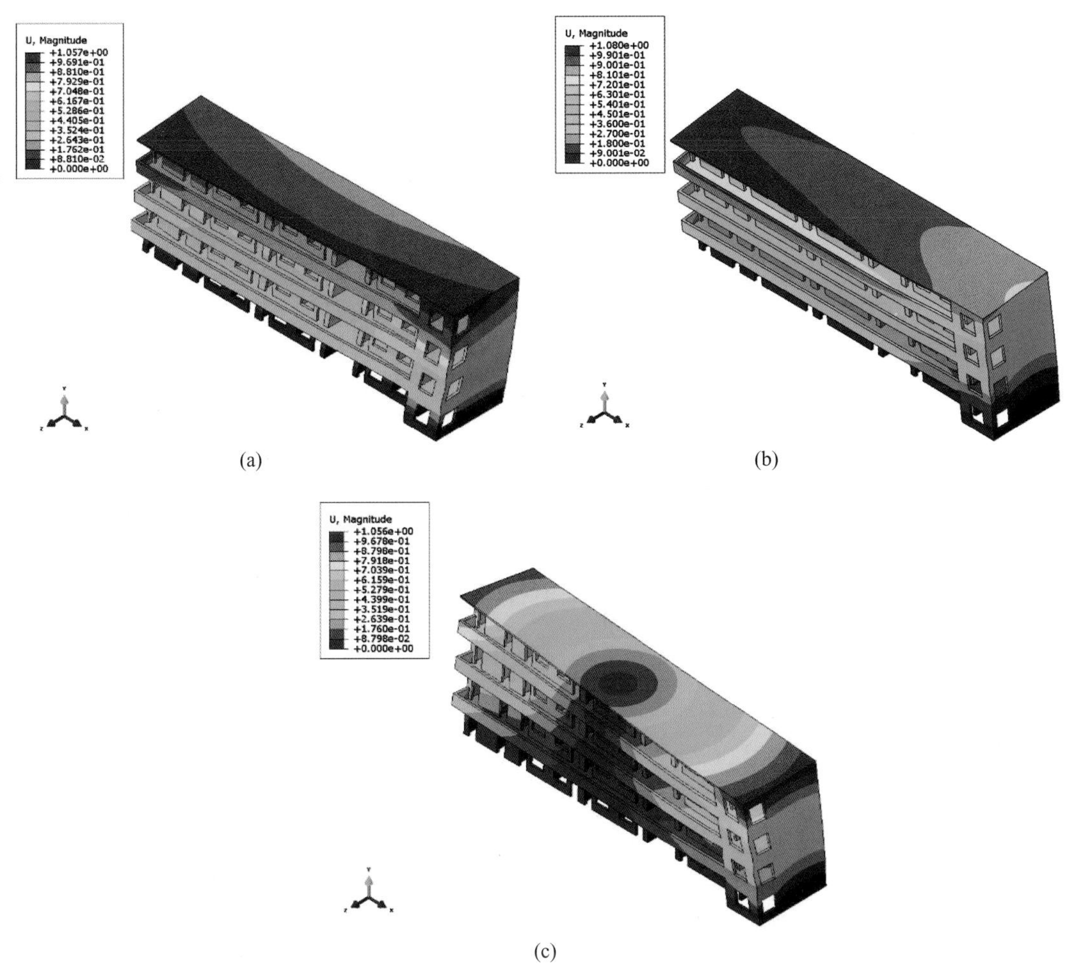

图 6.5　砌体结构振型图

（a）第 1 阶振型；（b）第 2 阶振型；（c）第 3 阶振型

表 6.2　地震工况表

编号	历时/s	方向	$PGA/(m/s^2)$	编号	历时/s	方向	$PGA/(m/s^2)$
x-duo-01	36.42	X	0.20141	y-duo-01	36.42	Y	0.20141
x-duo-02	36.42	X	0.20141	y-duo-02	36.42	Y	0.20141
x-duo-03	36.42	X	0.20141	y-duo-03	36.42	Y	0.20141
x-she-01	22.34	X	0.87089	y-she-01	22.34	Y	0.87089
x-she-02	22.34	X	0.87089	y-she-02	22.34	Y	0.87089
x-she-03	22.34	X	0.87089	y-she-03	22.34	Y	0.87089
x-han-01	16.61	X	2.09423	y-han-01	16.61	Y	2.09423
x-han-02	16.61	X	2.09423	y-han-02	16.61	Y	2.09423
x-han-03	16.61	X	2.09423	y-han-03	16.61	Y	2.09423

6.2.7　结构弹塑性动力时程分析结果

基于结构性能的抗震设计要求，采用层间位移角作为结构性能水准的评价指标被广泛接受。针对砌体结构，文献提出的限值如表 6.3 所示，表 6.4 为结构各层位移及层间位移角计算结果（X、Y 方向）。

表 6.3　砌体结构破坏状态与层间位移角对应关系

完好	轻微破坏	中等破坏	严重破坏	毁坏
[0, 0.0005)	[0.0005, 0.000625)	[0.000625, 0.001428)	[0.001428, 0.0067)	[0.0067, +∞)

表 6.4　结构各层位移及层间位移角计算结果

X 方向				Y 方向			
工况	层数	各层位移/m	层间位移角	工况	层数	各层位移/m	层间位移角
x-duo-01	1	0.00032	0.00010	y-duo-01	1	9.41E-06	2.85E-06
	2	0.00067	0.00011		2	1.48E-05	1.63E-06
	3	0.00095	0.00008		3	2.25E-05	2.35E-06
	4	0.00113	0.00005		4	2.85E-05	1.82E-06
x-duo-02	1	0.00034	0.00010	y-duo-02	1	8.60E-06	2.60E-06
	2	0.00072	0.00012		2	1.55E-05	2.11E-06
	3	0.00104	0.00010		3	2.17E-05	1.86E-06
	4	0.00124	0.00006		4	2.78E-05	1.86E-06
x-duo-03	1	0.00034	0.00010	y-duo-03	1	3.40E-04	3.21E-06
	2	0.00072	0.00012		2	7.20E-04	2.37E-06
	3	0.00104	0.00010		3	1.04E-03	1.64E-06
	4	0.00123	0.00006		4	1.23E-03	1.13E-06
x-she-01	1	0.00165	0.00050	y-she-01	1	1.65E-03	1.26E-05
	2	0.00329	0.00050		2	3.29E-03	8.95E-06
	3	0.00446	0.00035		3	4.46E-03	5.76E-06
	4	0.00507	0.00019		4	5.07E-03	6.07E-06
x-she-02	1	0.00178	0.00054	y-she-02	1	1.78E-03	1.31E-05
	2	0.00369	0.00058		2	3.69E-03	9.57E-06
	3	0.00518	0.00045		3	5.18E-03	6.63E-06
	4	0.00604	0.00026		4	6.04E-03	4.34E-06

续表

X 方向				Y 方向			
工况	层数	各层位移/m	层间位移角	工况	层数	各层位移/m	层间位移角
x-she-03	1	0.00507	0.00050	y-she-03	1	1.65E-03	1.05E-05
	2	0.00178	0.00050		2	3.29E-03	9.08E-06
	3	0.00369	0.00035		3	4.46E-03	7.33E-06
	4	0.00518	0.00019		4	5.07E-03	5.21E-06
x-han-01	1	0.00408	0.00124	y-han-01	1	4.08E-03	2.55E-05
	2	0.00847	0.00133		2	8.47E-03	2.05E-05
	3	0.01185	0.00102		3	1.18E-02	1.66E-05
	4	0.01404	0.00066		4	1.40E-02	1.83E-05
x-han-02	1	0.00392	0.00119	y-han-02	1	3.92E-03	2.93E-05
	2	0.00840	0.00136		2	8.40E-03	1.73E-05
	3	0.01205	0.00111		3	1.20E-02	1.51E-05
	4	0.01423	0.00066		4	1.42E-02	1.19E-05
x-han-03	1	0.00447	0.00135	y-han-03	1	4.47E-03	2.69E-05
	2	0.00932	0.00142		2	9.32E-03	2.38E-05
	3	0.01309	0.00114		3	1.31E-02	1.80E-05
	4	0.01528	0.00066		4	1.53E-02	1.13E-05

6.2.8 结论

由表 6.4 可知，X 方向多遇地震的最大层间位移角为 0.00012，可判定结构完好；X 方向设防地震的最大层间位移角为 0.00058，可判定结构轻微破坏；X 方向罕遇地震的最大层间位移角为 0.00142，可判定结构中等破坏。

由表 6.4 可知，Y 方向多遇地震的最大层间位移角为 0.0000032，可判定结构完好；Y 方向设防地震的最大层间位移角为 0.0000131，可判定结构完好；Y 方向罕遇地震的最大层间位移角为 0.0000293，可判定结构完好。

因此，该砌体结构在遭遇多遇地震时结构完好，设防地震时可判定结构轻微破坏，罕遇地震时可判定结构中等破坏。结合量大面广的多层砌体易损性评估结果，上述有限元分析结果基本合理。

6.3　砖木结构精细化有限元动力时程分析

6.3.1　结构概况

选取的砖木结构为一栋5层的混合承重砌体结构住宅楼，房屋整体平面为规则矩形，东西方向长60.92m，南北方向长9.22m。从西往东包括4号、5号、5号甲三个门洞，4号和5号相连，而5号和5号甲之间则设有约80mm宽变形缝。其中4号门洞和5号门洞的一至四层建于20世纪50年代，第五层和5号甲门洞为20世纪80年代初扩建部分。房屋整体东西方向长60.92m，南北方向长9.22m，建筑高度16.55m。

主要选取4号门洞和5号门洞的一至四层砖木混合结构进行分析，作为一栋纵横墙混合承重砌体结构，外墙墙厚220mm，内墙墙厚200mm。大放脚基础顶设有地圈梁，一层到四层没有设置圈梁，房屋未设置构造柱。除厨卫间楼面为现浇混凝土楼盖外，其余均为木楼盖。建筑平面示意图如图6.6、图6.7所示。

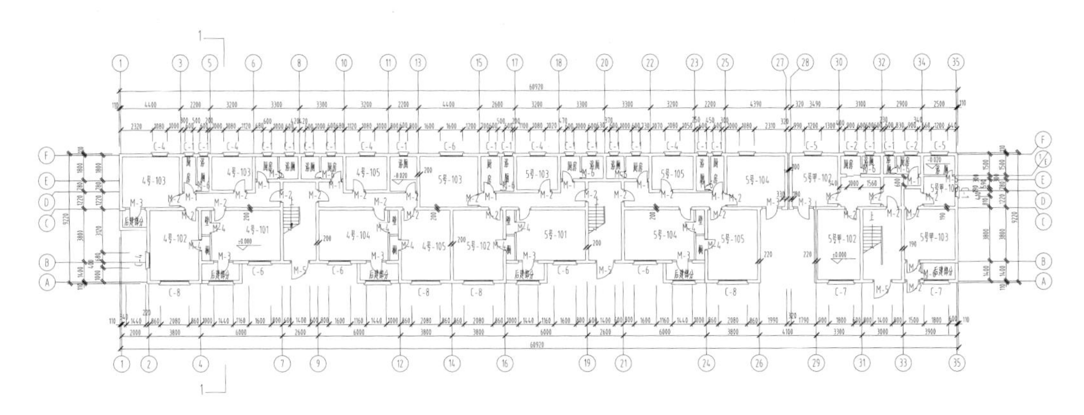

图6.6　一层建筑平面示意图

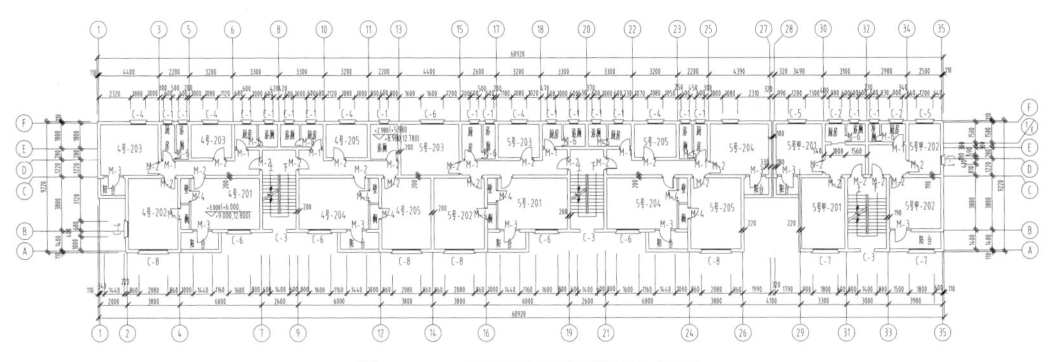

图6.7　二至四层建筑平面示意图

根据房屋质量检测站的材料强度检测，该房屋砖块强度等级为MU10，砂浆强度为M2.5。建筑抗震设防类别为丙类，建筑结构安全等级为二级，抗震设防烈度为7度，设计基本加速度为0.10g，设计地震分组为第一组，场地类别为Ⅳ类，设计特征周期取为0.9s，地面粗糙类别为C类，周期折减系数取为1.0。

6.3.2　结构模型建立方法

由于本结构也为砌体结构，结构模式选取的原则与6.2.2节中介绍的原则一致，也选用易于建立和方便计算的整体式有限元模型建立底层框架砌体结构模型：整个墙体采用类似素混凝土，具有各向同性的均匀连续体来模拟。

6.3.3　单元选取与模型建立

本文中砌体墙作为整体建立，混凝土梁板柱构件、构造柱和钢筋层各自建立好之后，再进行组装。单元选取原则与6.2.3节一致，不再赘述，建立的砖木结构有限元模型如图6.8所示。

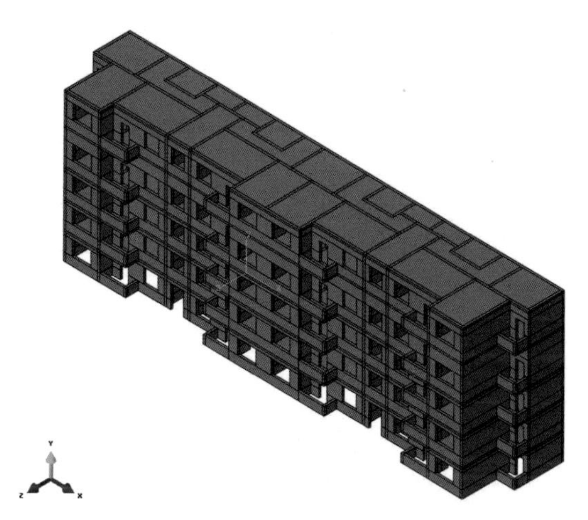

图6.8　结构模型图

6.3.4　材料本构与结构破坏准则

在模拟混凝土材料和砌体材料时选用了混凝土塑性损伤模型（Concrete Damaged Plasticity Model），可以很好地模拟材料损伤的刚度退化。该模型中选用的是双参数DP（Damaged Plasticity）破坏准则，即假定混凝土材料的拉压性能主要分别由受拉损伤参数和受压损伤参数控制。

由于砖木结构中木材的抗拉强度远大于砌体材料，往往在地震中木材自身完好，多表现为结构连接处破坏，因此在本文中木材按照纯弹性输入，弹性模量取为10000MPa。

6.3.5　结构动力特性分析

采用 ABAQUS 隐式求解功能中的线性摄动分析步（Linear perturbation）进行模态分析，选用 Lanczos 求解器和单精度算法进行计算。砖木结构前 3 阶的自振周期和自振频率如表 6.5 所示。图 6.9 为砖木结构振型图。

表 6.5　结构模态分析

振型	自振周期/s	自振频率/Hz
1	0. 298	3. 36
2	0. 265	3. 77
3	0. 214	4. 68

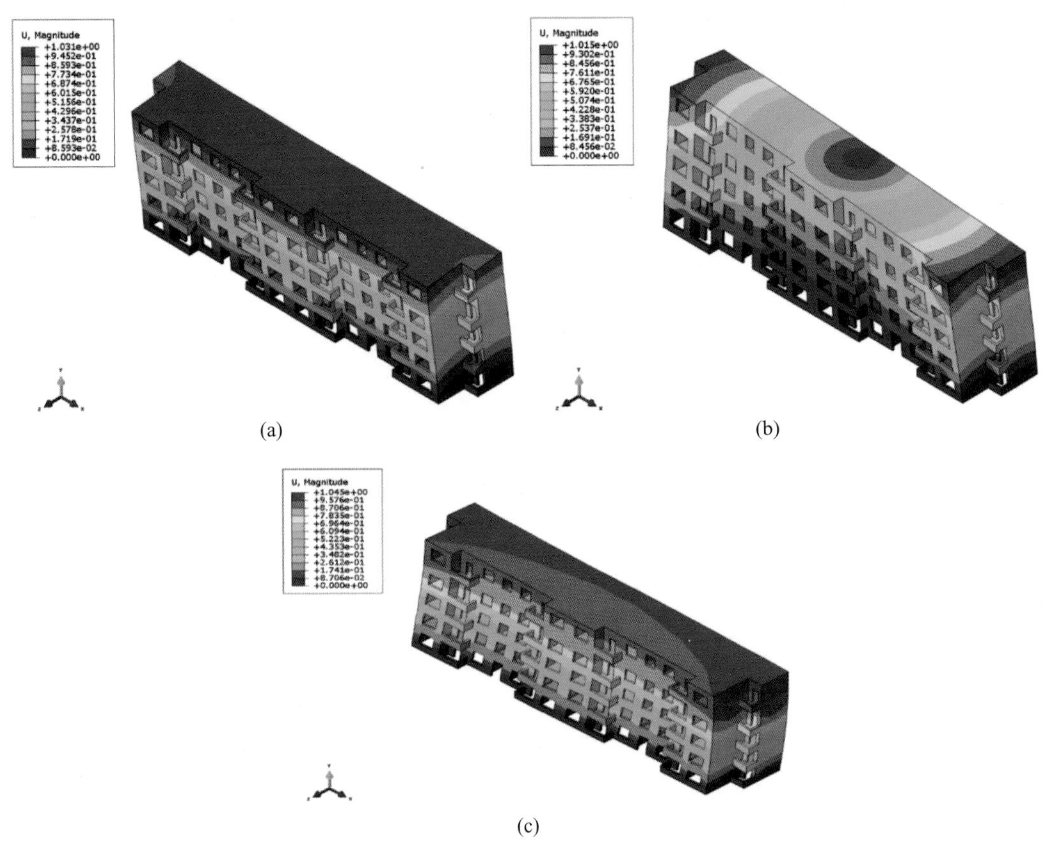

图 6.9　砖木结构振型图

（a）第 1 阶振型；（b）第 2 阶振型；（c）第 3 阶振型

6.3.6　地震动输入

模型还是采用两个分析步计算结构在地震作用下的反应。采用杨浦区的人工波，对模型分别输入 2 个正交水平向（X 向、Y 向）的地震动加速度时程，每种类型分别输入 3 个地震动，共计 18 种工况如表 6.6，计算步长均为 0.01s。

表 6.6　地震工况表

编号	历时/s	方向	$PGA/(m/s^2)$	编号	历时/s	方向	$PGA/(m/s^2)$
x-duo-01	44.86	X	0.21589	y-duo-01	44.86	Y	0.21589
x-duo-02	44.86	X	0.21582	y-duo-02	44.86	Y	0.21582
x-duo-03	44.86	X	0.21590	y-duo-03	44.86	Y	0.21590
x-she-01	43.90	X	0.79928	y-she-01	43.90	Y	0.79928
x-she-02	43.90	X	0.78879	y-she-02	43.90	Y	0.78879
x-she-03	43.90	X	0.75574	y-she-03	43.90	Y	0.75574
x-han-01	49.72	X	1.62067	y-han-01	49.72	Y	1.62067
x-han-02	49.72	X	1.62067	y-han-02	49.72	Y	1.62067
x-han-03	49.72	X	1.62067	y-han-03	49.72	Y	1.62067

6.3.7　结构弹塑性动力时程分析结果

基于结构性能的抗震设计要求，采用层间位移角作为结构性能水准的评价指标被广泛接受。针对砌体结构，文献提出的砌体结构破坏状态与层间位移角对应关系如表 6.7 所示。我国规范中框架结构的弹性层间位移角限值为 1/550，弹塑性层间位移角限值为 0.02，钢筋混凝土结构破坏状态与层间位移角的对应关系则如表 6.8 所示。由于木材的抗拉性能优于砌体结构，在有限元分析中将木材作为弹性材料输入，因此砖木结构的破坏状态主要按砌体材料确定。

表 6.7　砌体结构破坏状态与层间位移角对应关系

完好	轻微破坏	中等破坏	严重破坏	毁坏
[0, 0.0005)	[0.0005, 0.000625)	[0.000625, 0.001428)	[0.001428, 0.0067)	[0.0067, +∞)

表 6.8　钢筋混凝土结构破坏状态与层间位移角

完好	轻微破坏	中等破坏	严重破坏	毁坏
[0, 0.0018)	[0.0018, 0.0053)	[0.0053, 0.0133)	[0.0133, 0.02)	[0.02, +∞)

6.3.8 结论

结合文献选取的结构损伤限值，与 X、Y 两个地震作用方向的结构层间位移角最大值（表 6.9、表 6.10），可判定该砖木结构在遭遇多遇地震时结构轻微破坏，设防地震时可判定结构严重破坏，罕遇地震时可判定结构严重破坏。该砖木结构作为居住建筑，不满足“小震不坏，中震可修，大震不倒”的抗震设防目标。结合量大面广的易损性评估结果，老旧房屋本身结构的复杂性，上述易损性评定结果基本合理。

表 6.9 结构各层最大层间位移角（X 方向）

工况	最大层间位移角				
	1F	2F	3F	4F	5F
x-duo-01	0.00036	0.00037	0.00031	0.00021	0.00010
x-duo-02	0.00039	0.00042	0.00036	0.00023	0.00011
x-duo-03	0.00037	0.00039	0.00034	0.00022	0.00011
x-she-01	0.00123	0.00120	0.00101	0.00066	0.00029
x-she-02	0.00120	0.00129	0.00112	0.00075	0.00035
x-she-03	0.00120	0.00131	0.00115	0.00076	0.00036
x-han-01	0.00318	0.00339	0.00293	0.00193	0.00092
x-han-02	0.00296	0.00314	0.00272	0.00179	0.00081
x-han-03	0.00288	0.00314	0.00276	0.00182	0.00083

表 6.10 结构各层最大层间位移角（Y 方向）

工况	最大层间位移角				
	1F	2F	3F	4F	5F
y-duo-01	0.00036	0.00047	0.00052	0.00051	0.00044
y-duo-02	0.00038	0.00048	0.00054	0.00051	0.00044
y-duo-03	0.00035	0.00046	0.00053	0.00054	0.00047
y-she-01	0.00114	0.00169	0.00196	0.00196	0.00171
y-she-02	0.00123	0.00181	0.00205	0.00201	0.00174
y-she-03	0.00127	0.00175	0.00191	0.00188	0.00163
y-han-01	0.00285	0.00426	0.00497	0.00497	0.00433
y-han-02	0.00292	0.00431	0.00491	0.00480	0.00417
y-han-03	0.00266	0.00397	0.00455	0.00445	0.00385

6.4　钢框架结构精细化有限元动力时程分析

6.4.1　结构概况

选取上海市某教学楼为实例，该教学楼属于钢框架结构体系。建筑高度 31.9m，分为四个区，其中Ⅰ、Ⅱ、Ⅲ区为钢框架结构，Ⅳ区为钢筋混凝土结构。Ⅰ区有 8 层，其东西向外包总尺寸为 64.5m，南北向外包总尺寸为 16m。Ⅱ区 7 层，东西向 47.35m，南北向总外包尺寸 16m，图 6.10 为Ⅰ、Ⅱ区结构首层平面图。根据《建筑工程抗震设防分类标准》（GB 50223—2008），该房屋为乙类建筑（重点设防类），抗震设防烈度为 7 度，基本地震加速度为 0.10g，地震分组为第一组，场地为Ⅳ类。

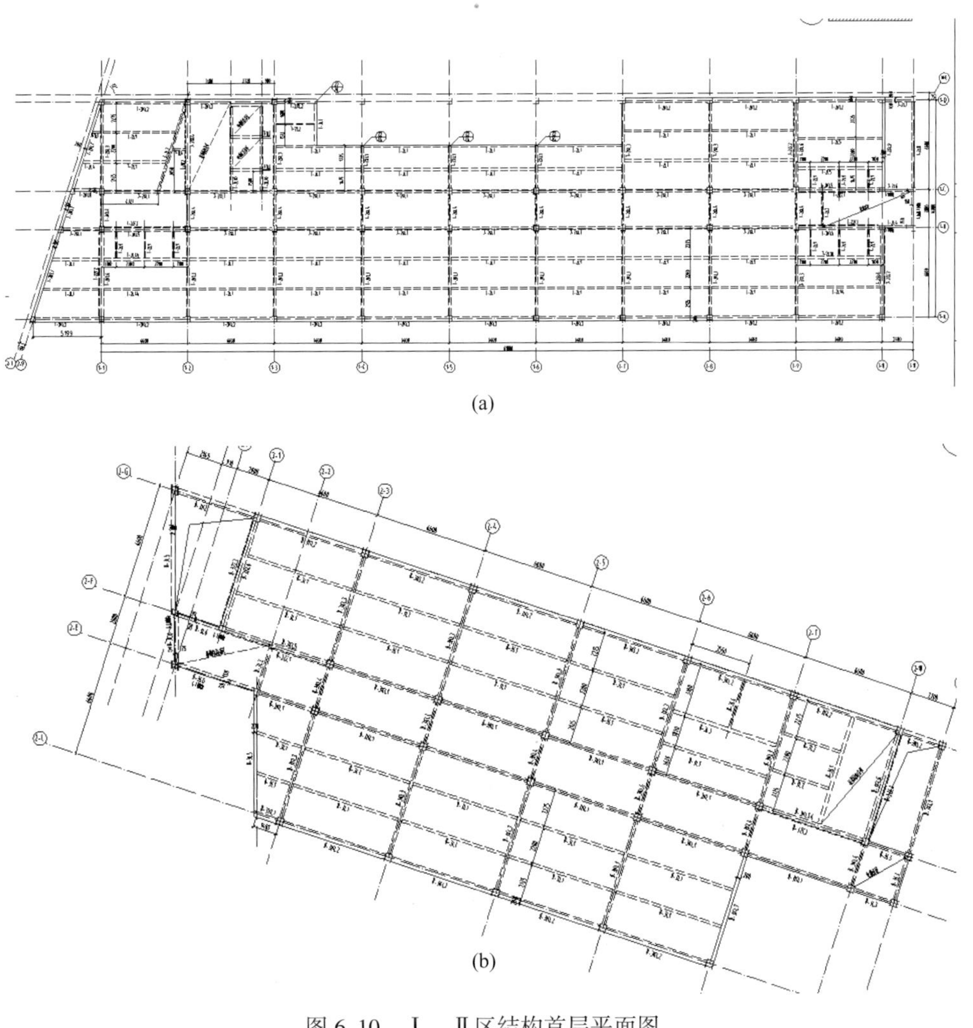

(a)

(b)

图 6.10　Ⅰ、Ⅱ区结构首层平面图

（a）Ⅰ区结构首层平面图；（b）Ⅱ区结构首层平面图

经抗震鉴定现场检测，梁，柱，板等主体结构基本完好，框架柱，梁，支撑可评为Q345B，组合楼板可评为Q235B。

6.4.2　结构模型建立方法

考虑到钢结构的整体装配性，钢结构的有限元模型可采用两种不同的模式：离散性装配式模型或者整体式模型。离散性装配式模型，即将梁和柱以及板当作不相连接的构件处理，然后通过建立节点，利用螺栓焊缝等连接形式，将梁柱板构件连接成一个整体。采用离散装配的方法，与钢结构实际的结构特点较为相似，但是划分单元较多，节点设计构造复杂，计算量较大，不易收敛。整体式模型，即将整个框架结构看做一个单元，忽略结构梁柱节点以及梁之间的节点连接构造，整体式模型适用于研究结构宏观反应情况，建模方便，但关键在于节点连接约束条件的选取。缺点是忽略了钢结构节点构造之后，不能够确定节点失效的机理，带有一定的局限性。由于主要关注结构宏观抗震性能，因此本文采用易于建立和方便计算的整体式有限元模型建立钢框架结构模型；楼板采用连续壳单元进行计算。

6.4.3　单元选取与模型建立

本文中钢结构的梁柱均采用梁单元来建模，板采用壳单元来建模，各自建立好之后，再进行组装。组装过程是，首先将梁柱搭接成框架主体结构，由于忽略节点构造，在搭接完成之后，在装配环节中直接选择合并生成整体的模块单元，结构模型图如图6.11所示。

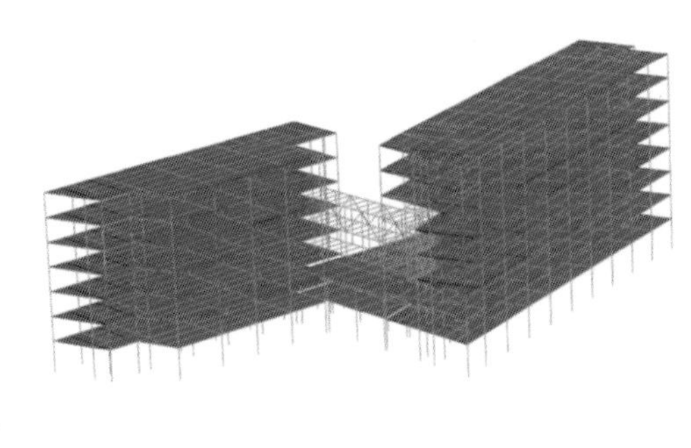

图6.11　钢结构模型图

在实际工程中，钢结构中的构件连接对结构整体抗震性能有重要影响，比如楼板与梁平面之间的连接。而ABAQUS/CAE中提供了较为丰富的定义模型相互作用（interaction）属性单元及约束（constraint）属性单元，本文采用约束模块中的Tie约束模拟来模拟钢框架中梁板之间的连接。

6.4.4　材料本构

本文模拟钢结构材料特性采用ABAQUS中的设置屈服应力应变，在屈服应力应变范围以内，材料呈现弹性变化，超过屈服应变，材料塑性变化。

6.4.5　结构动力特性分析

采用 ABAQUS 隐式求解功能中的线性摄动分析步（Linear perturbation）进行模态分析，选用 Lanczos 求解器和单精度算法进行计算求得钢结构前 3 阶的自振频率和自振周期如表 6.11，图 6.12 为钢结构振型图。

表 6.11　钢结构模态分析

振型	自振周期/s	自振频率/Hz
1	28.696	0.8527
2	33.126	0.91602
3	45.397	1.0723

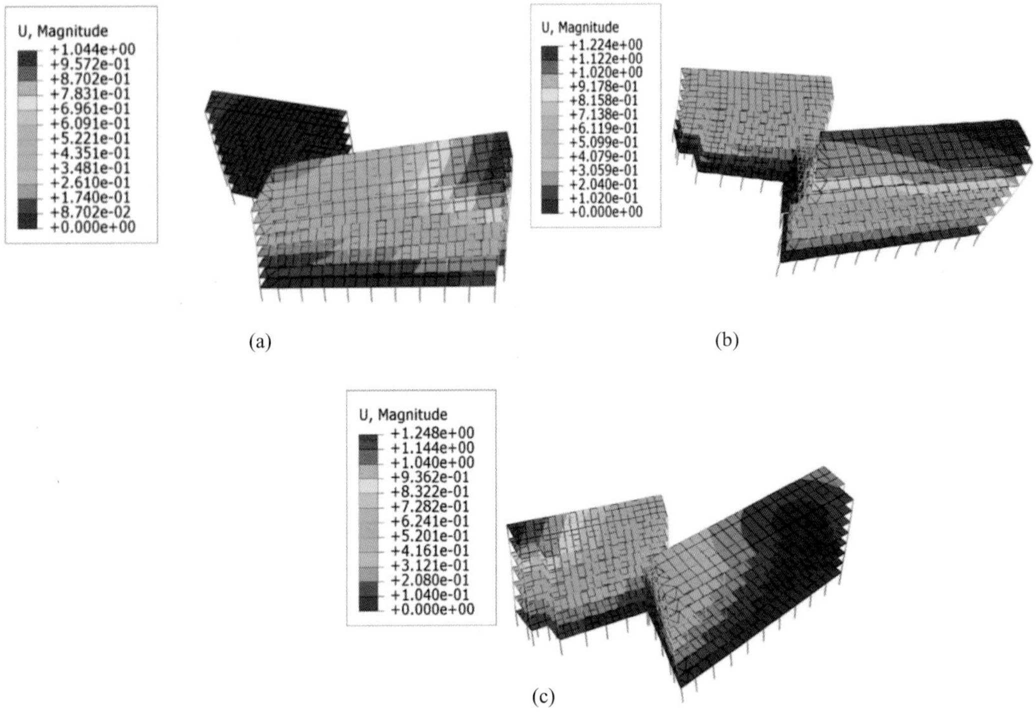

(a)

(b)

(c)

图 6.12　钢结构振型图

（a）第 1 阶振型；（b）第 2 阶振型；（c）第 3 阶振型

6.4.6　地震破坏弹塑性时程分析

1. 模型分析过程及地震动输入

模型采用两个分析步计算结构在地震作用下的反应。第一个分析步为静荷载的输入与计算，采用通用静力学分析步，静荷载包括自重荷载和荷载值为 $3\mathrm{kN/m^2}$ 的楼板均布外荷载，选择 ramp 方式进行结构的静力加载，达到稳步增加的目的，当第一个分析步计算完毕时，结构在竖向静力荷载作用下处于稳定状态，并将结构在静力荷载作用下的效应引入第二个分析步，第二个分析步采用动力学隐式加载，分析步时间，最大增量步自动调整。

第二个分析步为地震动的输入与计算。采用 2 号线东延伸金科路取样处理后的人工波，对模型分别输入 2 个正交水平向（X 向、Y 向）的地震动，每种类型分别输入 3 个地震动，共计 18 种工况，计算步长均为 0. 01s。

2. 层间位移角

基于结构性能的抗震设计要求，采用层间位移角作为结构性能水准的评价指标被广泛接受。针对钢框架结构，查找资料得到钢框架破坏状态与层间位移角对应关系如表 6. 12 所示。我国规范中框架结构的弹性层间位移角限值为 1/550，弹塑性层间位移角限值为 0. 02。

表 6. 12 钢框架结构破坏状态与层间位移角对应关系

完好	轻微破坏	中等破坏	严重破坏	毁坏
[0, 0. 0104)	[0. 0104, 0. 0126)	[0. 0126, 0. 0151)	[0. 0151, 0. 0169)	[0. 0169, +∞)

由表 6. 13 可知钢框架结构 X 方向多遇地震的最大层间位移角为 0. 000642，可判定结构完好；X 方向设防地震的最大层间位移角为 0. 002718，可判定结构完好；X 方向罕遇地震的最大层间位移角为 0. 006649，可判定结构完好。

表 6. 13 结构各层最大层间位移角（X 方向）

工况	最大层间位移角							
	1F	2F	3F	4F	5F	6F	7F	8F
x-duo-01	0. 000642	0. 000524	0. 00039	0. 000305	0. 000265	0. 000244	0. 000212	0. 000179
x-duo-02	0. 000537	0. 000456	0. 00035	0. 000274	0. 000236	0. 000219	0. 000195	0. 000168
x-duo-03	0. 000595	0. 000502	0. 000396	0. 000326	0. 000288	0. 000268	0. 000244	0. 000216
x-she-01	0. 001517	0. 002013	0. 001625	0. 001309	0. 001091	0. 00092	0. 000735	0. 000569
x-she-02	0. 002258	0. 00172	0. 001328	0. 001101	0. 001022	0. 000922	0. 000791	0. 000637
x-she-03	0. 002718	0. 002041	0. 001634	0. 001306	0. 001065	0. 000958	0. 000774	0. 000587
x-han-01	0. 006365	0. 004609	0. 003387	0. 003001	0. 002777	0. 00264	0. 002341	0. 001886
x-han-02	0. 006649	0. 005114	0. 004569	0. 004599	0. 004025	0. 003075	0. 00219	0. 001596
x-han-03	0. 005449	0. 004601	0. 003943	0. 003462	0. 003106	0. 002848	0. 002357	0. 001787

因此，X 方向多遇地震时结构完好；设防地震时结构可判定结构完好；罕遇地震时可判定结构完好。

由表 6. 14 可知钢框架结构 Y 方向多遇地震的最大层间位移角为 0. 000945，可判定结构完好；Y 方向设防地震的最大层间位移角为 0. 004318，可判定结构完好；Y 方向罕遇地震的最大层间位移角为 0. 012122，可判定结构轻微破坏。

因此，Y 方向多遇地震时结构完好；设防地震时结构可判定结构完好；罕遇地震时可判定结构轻微破坏。

表 6.14　结构各层最大层间位移角（Y 方向）

工况	最大层间位移角							
	1F	2F	3F	4F	5F	6F	7F	8F
y-duo-01	0.0009 45	0.000527	0.000462	0.000417	0.000379	0.000313	0.000277	0.000215
y-duo-02	0.000496	0.000272	0.000225	0.000183	0.000185	0.000192	0.000173	0.000131
y-duo-03	0.00071	0.000552	0.00046	0.000416	0.000339	0.000234	0.000153	0.000106
y-she-01	0.002724	0.002086	0.002081	0.002122	0.001965	0.001626	0.001307	0.001028
y-she-02	0.003985	0.002628	0.002219	0.001948	0.001592	0.001154	0.000784	0.000547
y-she-03	0.004318	0.002868	0.002669	0.002541	0.002205	0.001688	0.001127	0.000731
y-han-01	0.008341	0.005092	0.004832	0.004737	0.004246	0.003435	0.002649	0.001983
y-han-02	0.012122	0.007573	0.006302	0.005833	0.00514	0.004038	0.00295	0.002114
y-han-03	0.010337	0.006583	0.00465	0.00398	0.003713	0.003123	0.0024	0.001752

6.5　型钢混凝土框架结构精细化有限元动力时程分析

6.5.1　结构概况

选取某教学科研综合楼为实例，建立有限元模型进行抗震能力分析。该综合楼属于地上钢框架-支撑结构体系，地下钢筋混凝土结构体系。综合楼建筑高度 98m，地上 21 层，地下 1 层，属于 A 级高度高层建筑。根据《建筑工程抗震设防分析标准》（GB 50223—2008），建筑抗震设防类别为丙类，抗震设防烈度为 7 度，基本地震加速度为 0.10g，地震分组为第一组，场地为Ⅳ类。

6.5.2　结构模型建立方法

1. 装配式模型

考虑到钢结构的整体装配性，钢结构的有限元模型可采用两种不同的模式：离散性装配式模型或者整体式模型。离散性装配式模型，即将梁和柱以及板当作不相连接的构件处理，然后通过建立节点，利用螺栓焊缝等连接形式，将梁柱板构件连接成一个整体。采用离散装配的方法，与钢结构实际的结构特点较为相似，但是划分单元较多，节点设计构造复杂，计算量较大，不易收敛。整体式模型，即将整个框架结构看做一个单元，忽略结构梁柱节点以及梁之间的节点连接构造，整体式模型适用于研究结构宏观反应情况，建模方便，但关键在于节点连接约束条件的选取。缺点是忽略了钢结构节点构造之后，不能够确定节点失效的机理，带有一定的局限性。由于主要关注结构宏观抗震性能，因此采用易于建立和方便计算的整体式有限元模型建立钢框架结构模型；楼板采用连续壳单元进行计算。

2. 单元选取与模型建立

钢结构的梁柱均采用梁单元来建模，板采用壳单元来建模，各自建立好之后，再进行组装。组装过程是，首先将梁柱搭接成框架主体结构，由于忽略节点构造，在搭接完成之后，在装配环节中直接选择合并生成整体的模块单元，结构模型图如图 6. 13 所示。

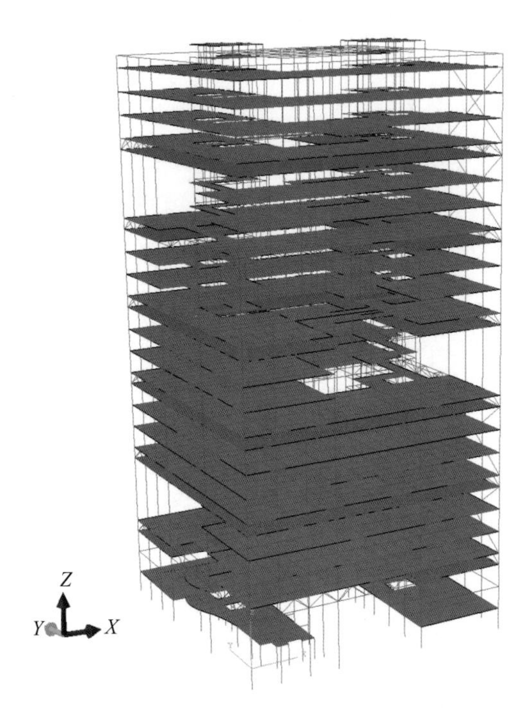

图 6. 13 结构模型图

在实际工程中，钢结构中的构件连接对结构整体抗震性能有重要影响，比如楼板与梁平面之间的连接。而 ABAQUS/CAE 中提供了较为丰富的定义模型相互作用（interaction）属性单元及约束（constraint）属性单元，本文采用约束模块中的 Tie 约束模拟来模拟钢框架中梁板之间的连接。

3. 材料本构

模拟钢结构材料特性采用 ABAQUS 中的设置屈服应力应变，在屈服应力应变范围以内，材料呈现弹性变化，超过屈服应变，材料塑性变化。

6. 5. 3 结构动力特性分析

采用 ABAQUS 隐式求解功能中的线性摄动分析步（ Linear perturbation ）进行模态分析，选用 Lanczos 求解器和单精度算法进行计算。提取钢框架结构前 3 阶的自振频率和固有周期如表 6. 15，图 6. 14 至图 6. 16 为第 1、2、3 阶振型图。

表 6.15　前 3 阶振型的自振频率和固有周期

振型	固有周期/s	自振频率/Hz
1	4. 158523	0. 24047
2	4. 11184	0. 2432
3	3. 46861	0. 2883

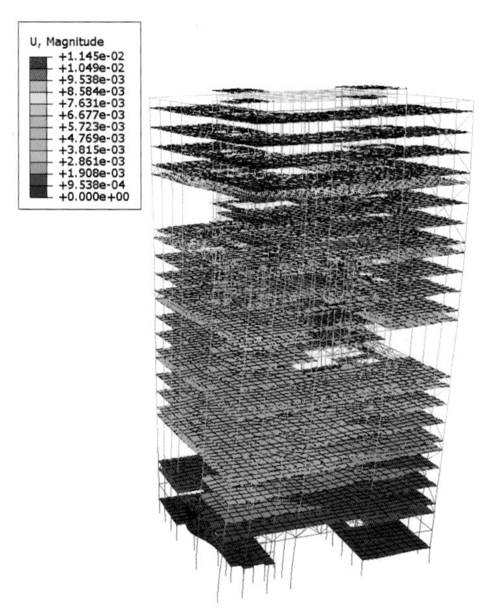

图 6. 14　第 1 阶振型图

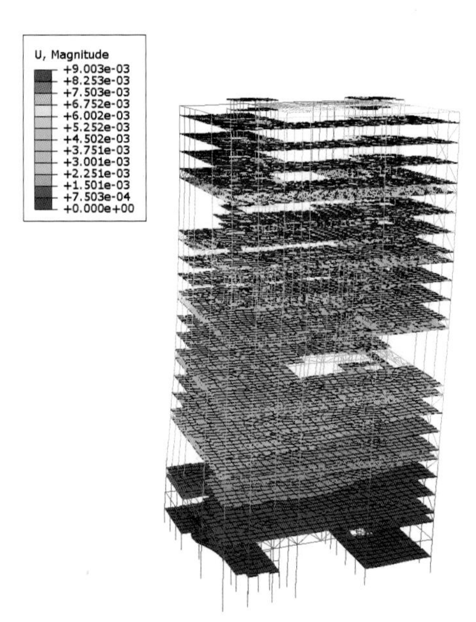

图 6. 15　第 2 振型图

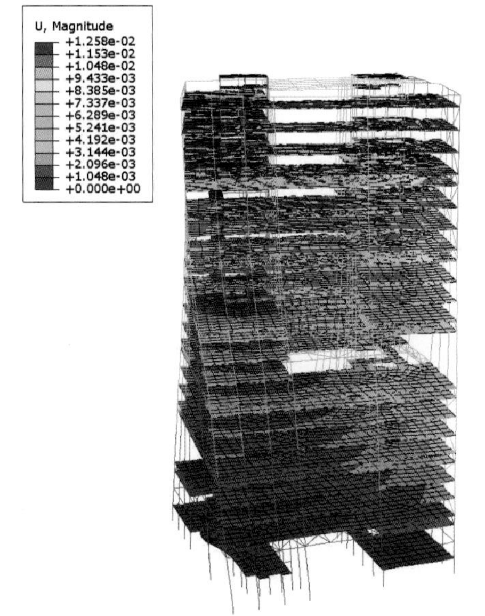

图 6. 16　第 3 阶振型图

6.5.4　地震破坏弹塑性时程分析

1. 模型分析过程

模型采用两个分析步计算结构在地震作用下的反应。第一个分析步为静荷载的输入与计算，采用通用静力学分析步，静荷载包括自重荷载和荷载值为 $2kN/m^2$ 的楼板均布外荷载，选择 ramp 方式进行结构的静力加载，达到稳步增加的目的，当第一个分析步计算完毕时，结构在竖向静力荷载作用下处于稳定状态，并将结构在静力荷载作用下的效应引入第二个分析步，第二个分析步采用动力学隐式加载，分析步时间，最大增量步自动调整。

第二个分析步为地震动的输入与计算。采用地震局提供的 2 号线东延伸金科路取样处理后的人工波，对模型分别输入 2 个正交水平向（X 向、Y 向）的地震动，每种类型分别输入 3 个地震动，共计 18 种工况，计算步长均为 0. 01s（表 6. 16）。

表 6. 16　地震工况表

编号	历时/s	方向	$PGA/$（m/s^2）
x-duo-01	36. 42	X	0. 20141
x-duo-02	36. 42	X	0. 20141
x-duo-03	36. 42	X	0. 20141
x-she-01	22. 34	X	0. 87089
x-she-02	22. 34	X	0. 87089
x-she-03	22. 34	X	0. 87089
x-han-01	16. 61	X	2. 09423
x-han-02	16. 61	X	2. 09423
x-han-03	16. 61	X	2. 09423
y-duo-01	36. 42	Y	0. 20141
y-duo-02	36. 42	Y	0. 20141
y-duo-03	36. 42	Y	0. 20141
y-she-01	22. 34	Y	0. 87089
y-she-02	22. 34	Y	0. 87089
y-she-03	22. 34	Y	0. 87089
y-han-01	16. 61	Y	2. 09423
y-han-02	16. 61	Y	2. 09423
y-han-03	16. 61	Y	2. 09423

2. 层间位移角

基于结构性能的抗震设计要求，采用层间位移角作为结构性能水准的评价指标被广泛接受。针对钢框架结构，查找资料得到钢框架破坏状态与层间位移角对应关系如表 6. 17 所示。我国《建筑抗震设计规范》（GB 50011—2010）第 5. 5. 1 条规定：多、高层钢结构弹性层间位移角限值为 1/250 ，弹塑性层间位移角限值为 1/50，多高层支撑-钢框架结构破坏状态与层间位移角的对应关系如表 6. 17 所示。

表 6. 17　钢框架结构破坏状态与层间位移角对应关系

完好	轻微破坏	中等破坏	严重破坏	毁坏
[0, 0. 003)	[0. 003, 0. 005)	[0. 005, 0. 01)	[0. 01, 0. 0154)	[0. 0154, 0. 02)

由表 6. 18 可知钢框架结构 X 方向多遇地震的最大层间位移角为 0. 001132，可判定结构完好；X 方向设防地震的最大层间位移角为 0. 004486，可判定结构轻微破坏；X 方向罕遇地震的最大层间位移角为 0. 006814，可判定结构中等破坏。

表 6. 18　结构各层最大层间位移角（X 方向）

楼层	最大层间位移角								
	x-duo-01	x-duo-02	x-duo-03	x-she-01	x-she-02	x-she-03	x-han-01	x-han-02	x-han-03
1F	0. 00084	0. 001132	0. 001103	0. 003262	0. 003921	0. 004486	0. 00568	0. 005298	0. 006814
2F	0. 000852	0. 001086	0. 001074	0. 00273	0. 003554	0. 00273	0. 005154	0. 004733	0. 006122
3F	0. 000466	0. 000605	0. 000597	0. 001803	0. 002118	0. 002436	0. 003188	0. 002897	0. 003748
3FJC	0. 000171	0. 000263	0. 000264	0. 001036	0. 000961	0. 0012	0. 001572	0. 001483	0. 001832
4F	0. 000313	0. 000461	0. 000477	0. 001348	0. 001228	0. 001472	0. 001943	0. 001932	0. 002317
5F	0. 00045	0. 000569	0. 000536	0. 001339	0. 001667	0. 001921	0. 002649	0. 002593	0. 002931
6F	0. 000563	0. 000645	0. 000619	0. 001184	0. 001395	0. 001571	0. 002196	0. 002136	0. 002277
6FJC	0. 000124	0. 000171	0. 00018	0. 000788	0. 000611	0. 000799	0. 001259	0. 001226	0. 00118
7F	0. 00049	0. 000569	0. 00058	0. 001385	0. 001214	0. 001336	0. 001807	0. 001788	0. 001579
8F	0. 000588	0. 000674	0. 00064	0. 001472	0. 001491	0. 001643	0. 002961	0. 002953	0. 002568
9F	0. 00069	0. 000761	0. 000736	0. 001368	0. 001343	0. 001439	0. 002498	0. 002514	0. 002114
9FJC	0. 000455	0. 000506	0. 000494	0. 000939	0. 000903	0. 00096	0. 001772	0. 00181	0. 001412
10F	0. 000416	0. 000502	0. 000489	0. 001233	0. 001204	0. 001282	0. 002689	0. 002785	0. 001986
11F	0. 000414	0. 000523	0. 000512	0. 001431	0. 001479	0. 001503	0. 003272	0. 003407	0. 002331
12F	0. 000437	0. 00053	0. 000524	0. 001256	0. 00127	0. 001328	0. 002751	0. 002879	0. 001943
12FJC	0. 000461	0. 000525	0. 000523	0. 001002	0. 000991	0. 00102	0. 00199	0. 00197	0. 001362
13F	0. 000481	0. 000579	0. 000578	0. 001306	0. 001273	0. 001276	0. 00156	0. 00252	0. 001737
14F	0. 000608	0. 000731	0. 000731	0. 001646	0. 001562	0. 001555	0. 002689	0. 002959	0. 002081

续表

楼层	最大层间位移角								
	x-duo-01	x-duo-02	x-duo-03	x-she-01	x-she-02	x-she-03	x-han-01	x-han-02	x-han-03
15F	0.000524	0.000622	0.000624	0.001367	0.001241	0.001239	0.002575	0.002289	0.001653
15FJC	0.000356	0.000416	0.000417	0.000887	0.000747	0.000771	0.001555	0.001413	0.001012
16F	0.000221	0.000292	0.000292	0.000939	0.000742	0.000742	0.001737	0.001571	0.001139
17F	0.0003	0.000374	0.000374	0.001146	0.000854	0.000877	0.001959	0.001786	0.001295
18F	0.000264	0.000319	0.000319	0.000913	0.00066	0.000687	0.001476	0.001371	0.000981
18FJC	0.000941	0.000921	0.000652	0.000625	0.000454	0.000477	0.000236	0.000267	0.000267
19F	0.001058	0.001057	0.000718	0.000623	0.000429	0.000431	0.000138	0.00017	0.000168
20F	0.00127	0.001278	0.000872	0.000663	0.00058	0.000568	0.000254	0.000263	0.000258
21F	0.001164	0.001214	0.000916	0.000835	0.000666	0.000656	0.000279	0.000278	0.000279
JFC	0.001028	0.000988	0.000905	0.000784	0.000594	0.000585	0.000213	0.000208	0.000213

因此，X 方向多遇地震时结构完好；设防地震时结构可判定结构轻微破坏；罕遇地震时可判定结构中等破坏。

由表 6.19 可知钢框架结构 Y 方向多遇地震的最大层间位移角为 0.001012，可判定结构完好；Y 方向设防地震的最大层间位移角为 0.003287，可判定结构轻微破坏；Y 方向罕遇地震的最大层间位移角为 0.006312，可判定结构中等破坏。

因此，Y 方向多遇地震时结构完好；设防地震时结构可判定结构轻微破坏；罕遇地震时可判定结构中等破坏。

表 6.19　结构各层最大层间位移角（Y 方向）

楼层	最大层间位移角								
	y-duo-01	y-duo-02	y-duo-03	y-she-01	y-she-02	y-she-03	y-han-01	y-han-02	y-han-03
1F	0.000863	0.000861	0.0001012	0.002449	0.002871	0.003287	0.004744	0.006312	0.004979
2F	0.000628	0.00075	0.000675	0.002245	0.002663	0.003049	0.004063	0.00536	0.004199
3F	0.000476	0.000539	0.000497	0.001536	0.00182	0.002069	0.002968	0.003774	0.003002
3FJC	0.000247	0.000257	0.000339	0.000866	0.001008	0.01151	0.001971	0.002349	0.001951
4F	0.000249	0.000256	0.000327	0.000658	0.000727	0.000818	0.001391	0.001575	0.001339
5F	0.000274	0.00027	0.000357	0.000716	0.000752	0.000867	0.001577	0.001639	0.001498
6F	0.000212	0.000198	0.000285	0.000593	0.000576	0.000696	0.00141	0.001327	0.001322
6FJC	2.81E-04	0.000264	0.000368	0.00074	0.0007	0.000851	0.001681	0.001558	0.001572
7F	0.000327	0.000316	0.000406	0.000707	0.000664	0.000799	0.001483	0.001382	0.001378

续表

楼层	最大层间位移角								
	y-duo-01	y-duo-02	y-duo-03	y-she-01	y-she-02	y-she-03	y-han-01	y-han-02	y-han-03
8F	0.000266	0.000255	0.000351	0.000677	0.000656	0.00076	0.001576	0.001422	0.001444
9F	0.000217	0.000206	0.000299	0.000668	0.000597	0.000671	0.001513	0.001471	0.001362
9FJC	0.000286	0.000269	0.000394	0.000907	0.0008	0.000892	0.002006	0.001972	0.001779
10F	0.000454	0.000429	0.000609	0.001389	0.001193	0.001311	0.002932	0.002969	0.002571
11F	0.000553	0.000524	0.000731	0.001672	0.001408	0.001528	0.003436	0.003564	0.002962
12F	0.000485	0.000459	0.000637	0.001464	0.00122	0.001304	0.002968	0.003131	0.002492
12FJC	0.000382	0.000362	0.000492	0.001109	0.000921	0.000966	0.002204	0.002355	0.00178
13F	0.000572	0.00055	0.000698	0.001427	0.001187	0.001218	0.002609	0.00282	0.002074
14F	0.000522	0.000505	0.000661	0.001493	0.001221	0.001225	0.002845	0.003124	0.002188
15F	0.000316	0.000303	0.000427	0.001112	0.0009	0.000873	0.002233	0.002486	0.001655
15FJC	0.000283	0.000275	0.000358	0.000842	0.000685	0.000673	0.001605	0.001785	0.001183
16F	0.000355	0.000346	0.000418	0.000776	0.00066	0.000648	0.001307	0.001445	0.001017
17F	0.000262	0.000252	0.000324	0.000704	0.000584	0.000559	0.001275	0.001436	0.000969
18F	0.000111	0.000101	0.000161	0.000472	0.000371	0.00035	0.000982	0.001125	0.000732
18FJC	0.000177	0.000168	0.000224	0.000536	0.000436	0.000409	0.001007	0.001159	0.000758
19F	0.000256	0.000246	0.000303	0.000597	0.000497	0.00048	0.001008	0.001142	0.000775
20F	0.000234	0.000235	0.00028	0.00056	0.000456	0.000457	0.000971	0.001088	0.000749
21F	0.000164	0.000164	0.000205	0.000444	0.000357	0.000368	0.00084	0.000928	0.000653
JFC	8.63E-05	6.96E-05	9.01E-05	0.000356	0.000339	0.000344	0.000762	0.000858	0.00057

6.6　钢筋混凝土框架结构精细化有限元动力时程分析

6.6.1　结构概况

工程为一栋钢筋混凝土框架结构商务楼，楼电梯间设有部分剪力墙。SA 商务楼及裙房结构平面呈正方形，平面尺寸为 68.4m×68.4m，主要轴网尺寸为 11.4m×11.4m，地上 8 层，地下 3 层。抗震设防烈度为 7 度，设计基本地震加速度值为 0.1g，本场地土类别为Ⅳ类，设计地震分组为第一组，建筑物重要性类别为丙类建筑，框架梁、柱以及局部混凝土墙抗震等级均为 2 级。

结构材料强度：楼板、梁混凝土强度：C30；剪力墙、柱混凝土强度为：C45。

6.6.2　分析步骤与计算软件选取

有限元计算的基本步骤主要为：

（1）对结构进行有限元模型的建立。

（2）选取地震动记录。

（3）将多条地震动作为输入波，获取结构在不同地震动作用下结构最大层间位移角。

（4）依据结构破坏等级与层间位移角的关系，获取结构的易损性评估结果。

由于该商务楼模型平面复杂，且具有曲形的阳台，SAP2000、OpenSees 等软件较难实现，Midas 已经广泛应用于多个大型复杂结构，因此本章选用 Midas gen 作为结构分析软件，有限元模型平面布置图如图 6.17 所示。

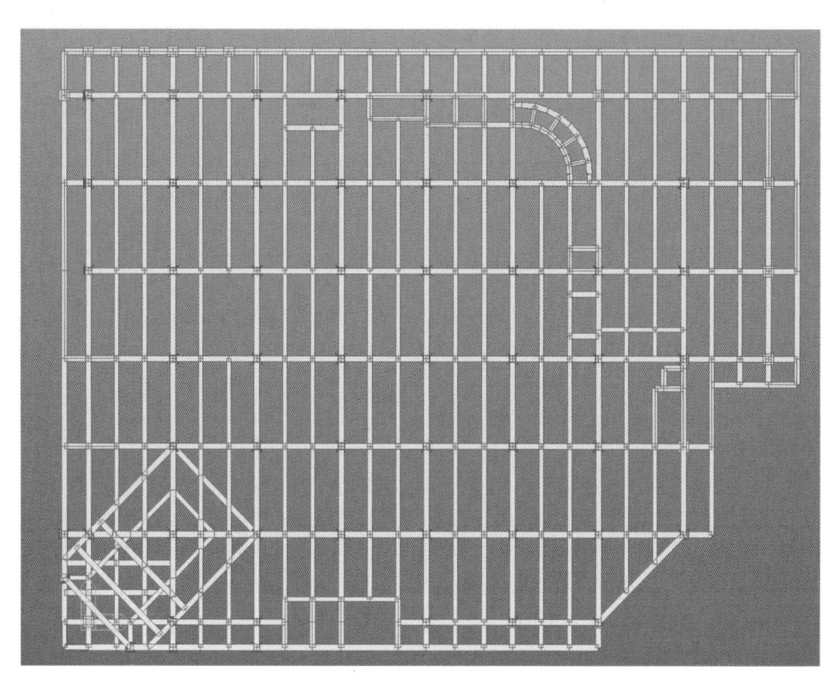

图 6.17　商务楼平面布置图

6.6.3　地震动输入

针对上海市地震动进行特定结构的弹塑性分析，地震波选用浦东地震时程曲线库中对应特定地震的 3 条地震记录，以及 3 条人工地震波，具体表述如下：

（1）多遇地震烈度：0050Y630. D01—0050Y630. D03

（2）设防地震烈度：0050Y100. D01—0050Y100. D03

（3）罕遇地震烈度：0050Y020. D01—0050Y020. D03

6.6.4　材料非线性特性

在建模时，由于没有进行现场实际检测，因此所有构件尺寸、布置按照结构设计施工图确定，且材料强度按照设计总说明中确定。

平面尺寸为 68.4m×68.4m，主要柱网尺寸为 11.4m×11.4m。柱截面从下到上由 1400mm×1400mm 收至 900mm×900mm 方形柱截面。梁截面主要为 2 种，一种为 750mm×950mm 方梁，一种为 600mm×850mm 方梁。主要承重剪力墙厚度为 400mm、200mm。1～7 层层高为 5.5m，地下室层高为 3.8m。混凝土强度方面，梁混凝土强度为 C30，柱混凝土强度为 C45。混凝土及钢筋的本构模型分别如图 6.18、图 6.19 所示。

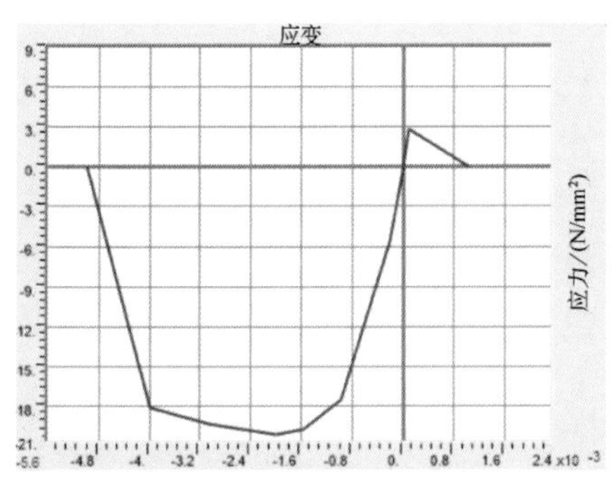

图 6.18　混凝土应力-应变曲线

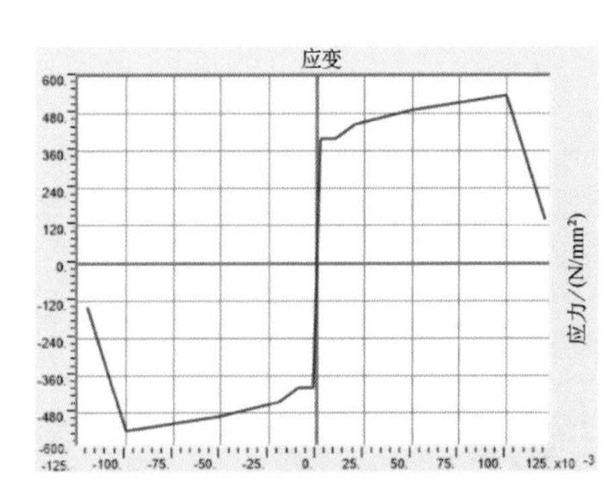

图 6.19　钢筋应力-应变曲线

6.6.5　结构动力特性

根据上述计算方法和假定，在 Midas gen 有限元软件中建立的某建筑结构数值模型见图 6.20。

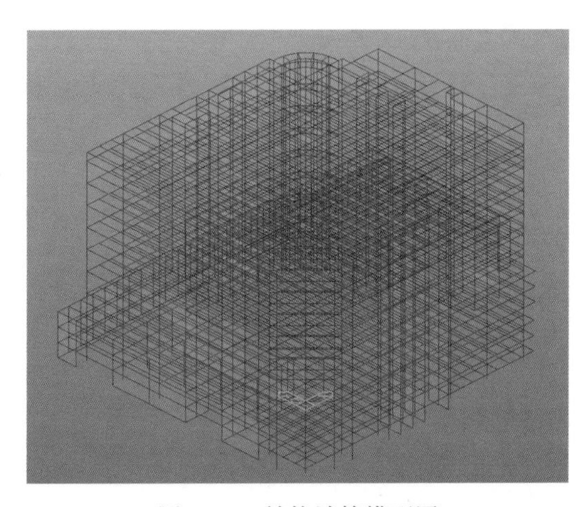

图 6.20　结构计算模型图

计算得到结构弹性状态下的前 9 阶自振周期和对应的振型，表 6.20 为结构模态分析结果，图 6.21 为结构前 9 阶振型示意图。

表 6.20 商务楼自振周期和自振频率

阶数	自振周期/s	自振频率/Hz	方向
1	1.6080	0.6219	Y 向
2	1.3284	0.7528	X 向
3	0.7556	1.3235	扭转
4	0.4647	2.1517	Y 向
5	0.3497	2.8595	X 向
6	0.2294	4.3586	扭转
7	0.1995	5.0119	Y 向
8	0.1760	5.6827	X 向
9	0.1480	6.7589	扭转

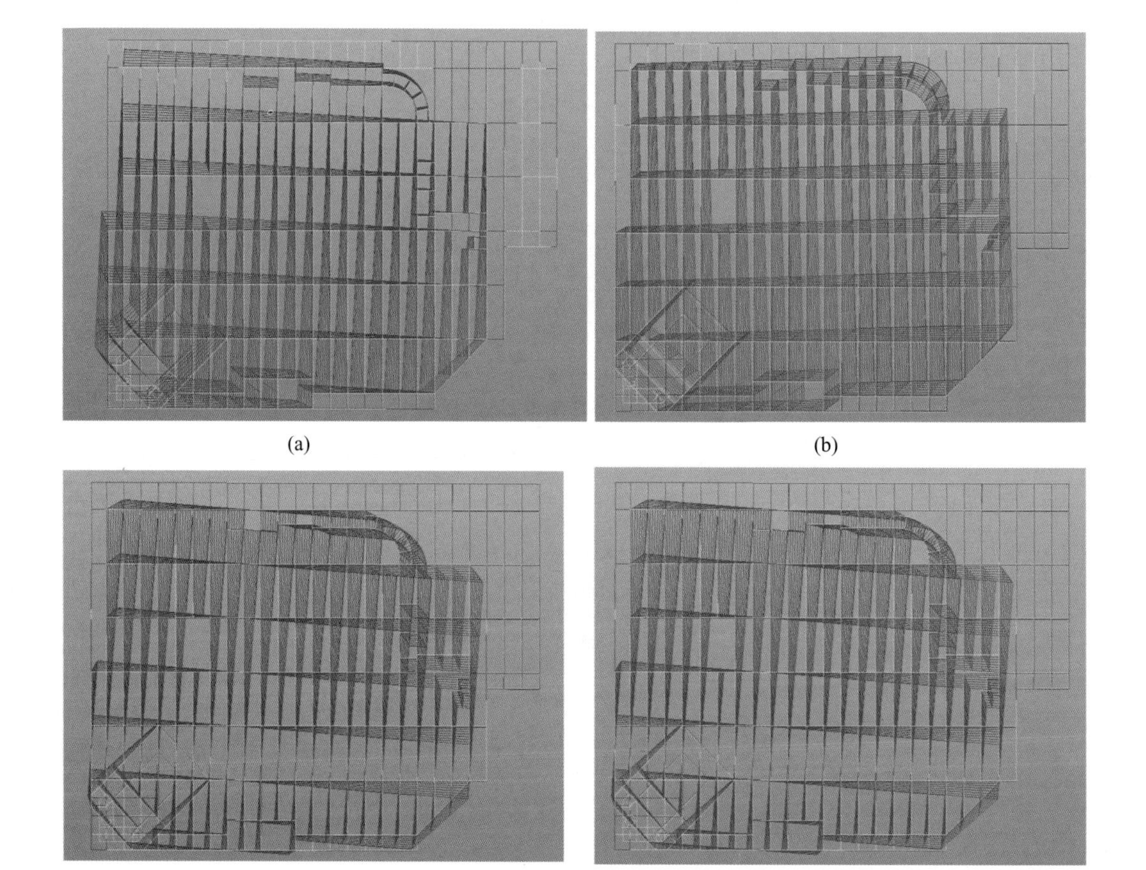
(a) (b) (c) (d)

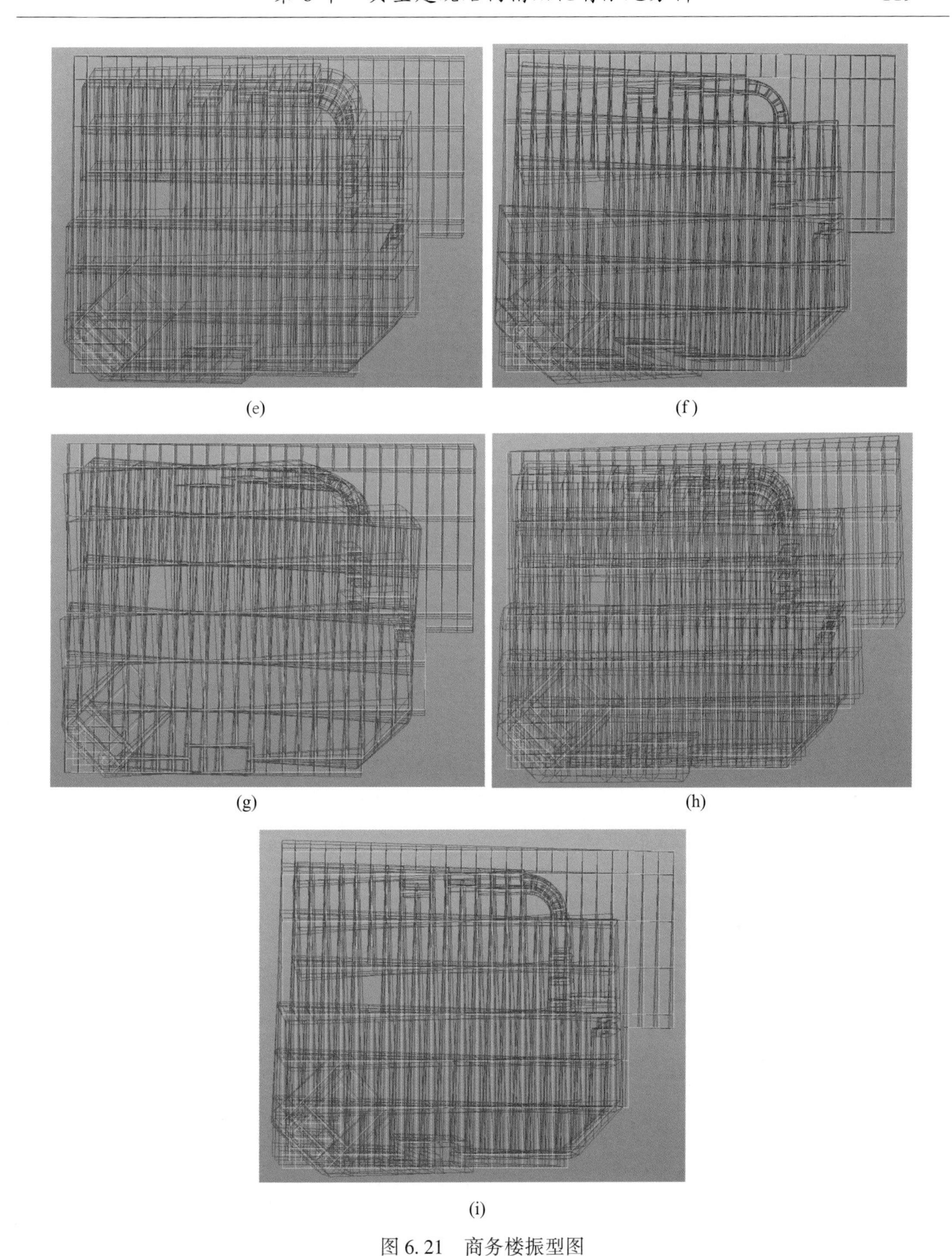

(e)　(f)

(g)　(h)

(i)

图6.21　商务楼振型图

(a) 第1阶振型；(b) 第2阶振型；(c) 第3阶振型；(d) 第4阶振型；(e) 第5阶振型；(f) 第6阶振型；(g) 第7阶振型；(h) 第8阶振型；(i) 第9阶振型

6.6.6　结构地震反应计算

针对三个地震水准，在每个水准下采用 3 条波激励，得到相应的结构地震反应，包括顶层水平位移时程反应、底层剪力时程曲线，选取结构反应的位置如图 6.22 所示，图 6.23 中分别为输入结构的 0050Y630. D01 地震动加速度时程（a），及该地震波激励下顶层位移最大处（b）、底层柱剪力最大值（c）的结构反应。限于篇幅，其他 8 条输入结构的地震波及相应的结构反应时程曲线，这里不一一列出。

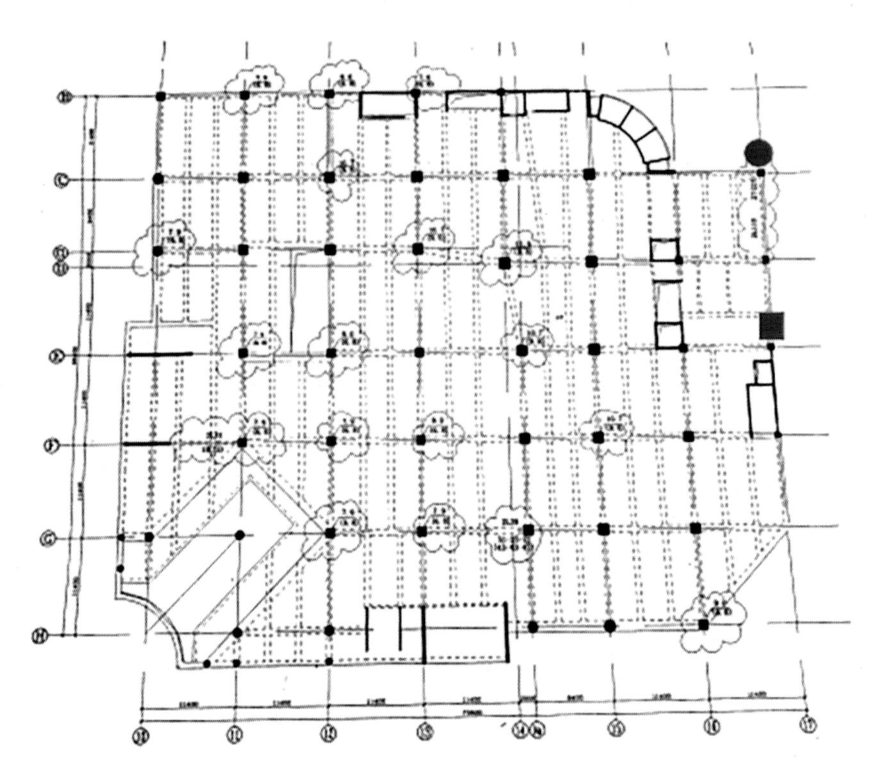

图 6.22　结构地震反应关键节点位置

（红色圆点代表顶层；红色方点代表底层）

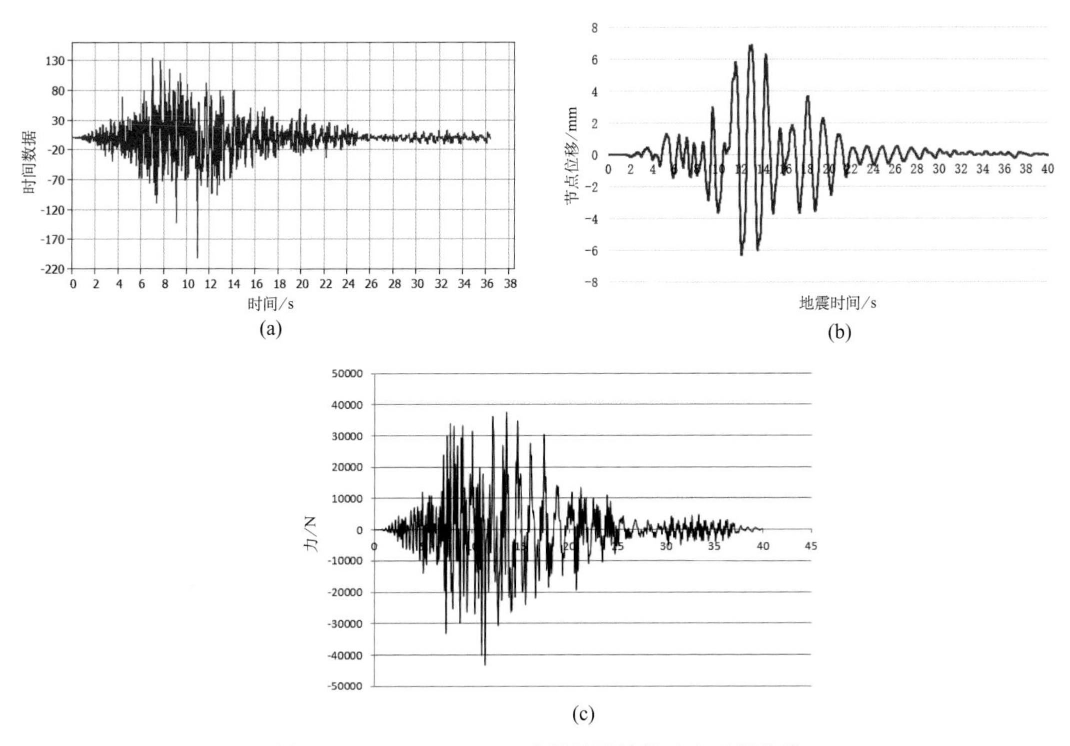

图 6.23　0050Y630. D01 地震波及结构响应时程曲线

（a）0050Y630. D01 地震波时程曲线；（b）顶层水平位移时程反应；（c）底层剪力时程曲线

通过计算分析获得各地震波作用下的层间最大位移角汇总，如表 6.21 所示。

表 6.21　地震作用下层间最大位移角汇总（1/层间位移角）

多遇地震				设防地震				罕遇地震			
层数	050Y 630. D01	050Y 630. D02	050Y 630. D03	层数	050Y 100. D01	050Y 100. D02	050Y 100 D03	层数	050 020. D01	050 020. D02	050 020. D03
11	1246	1098	1326	11	247	244	258	11	109	119	103
10	704	594	792	10	131	136	137	10	64	67	61
9	703	571	818	9	116	126	128	9	59	64	61
8	784	563	798	8	111	110	120	8	54	61	62
7	755	599	826	7	117	110	127	7	49	59	61
6	700	632	834	6	122	125	130	6	49	64	63
5	778	737	888	5	144	148	151	5	59	69	79

续表

多遇地震				设防地震				罕遇地震			
层数	050Y630.D01	050Y630.D02	050Y630.D03	层数	050Y100.D01	050Y100.D02	050Y100D03	层数	050020.D01	050020.D02	050020.D03
4	1023	1012	1144	4	203	206	225	4	81	97	98
3	2946	3114	2949	3	598	531	578	3	216	227	238
2	3927	3986	3754	2	864	676	774	2	290	293	284
1	6041	5897	5336	1	1417	1083	1290	1	478	471	425

对表6.21进行汇总，最终得到各地震波作用下最大层间位移角及破坏等级如表6.22所示。

表6.22　最大层间位移角汇总

地震烈度	地震波名称	1/最大层间位移角	结构破坏等级
多遇地震	050Y630.D01	700	基本完好
多遇地震	050Y630.D02	563	基本完好
多遇地震	050Y630.D03	792	基本完好
设防地震	0050Y100.D01	111	中等破坏
设防地震	0050Y100.D02	110	中等破坏
设防地震	0050Y100.D03	120	中等破坏
罕遇地震	0050Y020.D01	59	中等破坏
罕遇地震	0050Y020.D02	61	严重破坏
罕遇地震	0050Y020.D03	61	严重破坏

6.6.7　结论

（1）在不考虑材料强度退化的条件下，该商务楼结构总体性能良好，没有出现明显的扭转现象。

（2）由时程分析结果可知，小震作用下，结构层间位移角为0.0017，小于规范要求的0.0018；大震作用下，结构层间位移角为0.0169，小于规范要求的0.02，因此结构满足我国现行抗震规范的“小震不坏、中震可修、大震不倒”的要求。

（3）由易损性结果可知，该商务楼在小震作用下，结构破坏等级为基本完好；在中震作用下，结构破坏等级基本为中等破坏；在大震作用下，结构破坏等级基本为严重破坏。

（4）结合量大面广的易损性评估结果，考虑到该商务楼本身结构的复杂性，上述易损性评定结果合理。

6.7　混凝土剪力墙结构精细化有限元动力时程分析

6.7.1　结构概况

选取某典型混凝土剪力墙结构建筑为研究对象，该建筑共 28 层，建筑高度 94.500m，主体高度为 87.300m。上部主体结构为混凝土剪力墙结构，剪力墙为竖向荷载和水平向荷载的主要受力构件，剪力墙之间通过连梁联系，楼屋面均为现浇钢筋混凝土楼板，根据不同的开间大小，楼板厚度为 100～150mm，楼板钢筋当直径为 6mm、8mm 时采用热轧Ⅲ级钢（HRB400），当直径 12mm 时，采用热轧Ⅱ级钢（HRB335），结构平面布置图如图 6.24 所示。

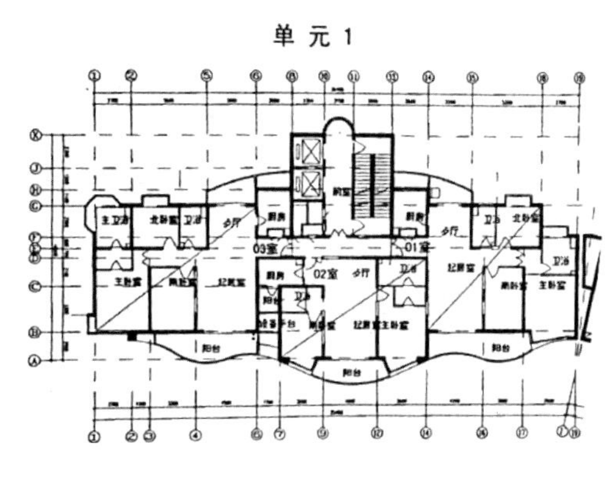

图 6.24　结构平面布置图

结构材料强度：

剪力墙混凝土强度：首层 C35，二层为 C40，其他楼层为 C30

楼板混凝土强度为：C30

该建筑建于 2004 年，该类结构极具代表性，且平面较为复杂，具有曲梁。

为了验证混凝土剪力墙结构建筑在地震作用下的性能表现，以及结构能否满足最新抗震规范的要求，将对该建筑进行结构易损性分析。

6.7.2　分析步骤与计算软件选取

本节中的有限元分析步骤及软件选取与 6.6.2 节一致。

6.7.3　地震动输入

针对上海市地震动特定进行结构的弹塑性分析，地震波选用浦东地震时程曲线库中对应特定地震的 3 条地震记录，以及 3 条人工地震波，具体如下：

多遇地震烈度：0050Y630. D01—0050Y630. D03

设防地震烈度：0050Y100. D01—0050Y100. D03

罕遇地震烈度：0050Y020. D01—0050Y020. D03

6. 7. 4 材料非线性特性

在建模时，由于没有进行现场实际检测，因此所有构件尺寸、布置按照结构设计施工图确定，且材料强度按照设计总说明中确定。

柱截面为 300mm×300mm 方形柱截面。梁截面主要为 2 种，一种为 250mm×450mm 方梁，一种为 200mm×300mm 方梁。

混凝土强度方面，首层混凝土强度为 C35，二层混凝土强度为 C40，三层及以上强度为 C30。

混凝土及钢筋的本构模型分别如图 6. 25、图 6. 26 所示。

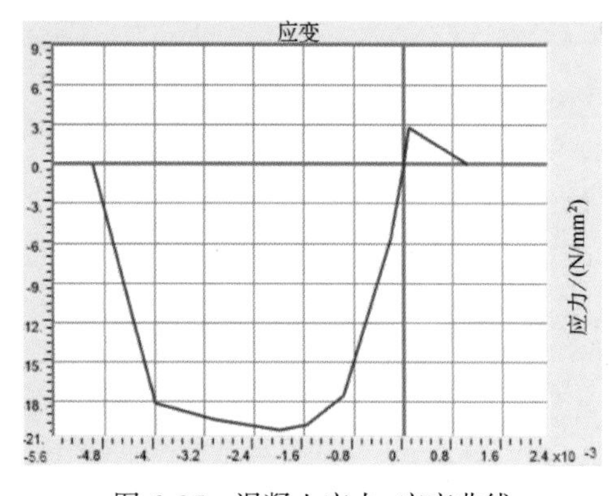

图 6. 25 混凝土应力-应变曲线

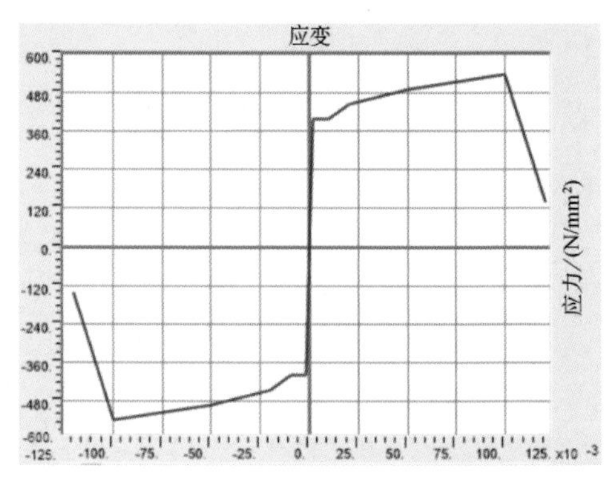

图 6. 26 钢筋应力-应变曲线

6. 7. 5 结构动力特性分析

根据上述计算方法和假定，利用 Midas gen 有限元软件建立了该结构数值模型如图 6. 27 所示。

利用软件计算得到结构在弹性状态下的前 9 阶自振周期和自振频率如表 6. 23 所示，图 6. 28 为结构的前 9 阶振型图。

图6.27　结构计算模型图

表6.23　结构自振周期表

振型	周期/s	自振频率/Hz	方向
1	1.4189	0.7048	Y向
2	1.3322	0.7506	X向
3	1.0232	0.9773	扭转
4	0.3812	2.6236	Y向
5	0.3226	3.1001	X向
6	0.289	3.4603	扭转
7	0.1918	5.2137	Y向
8	0.1425	7.017	X向
9	0.1375	7.2746	扭转

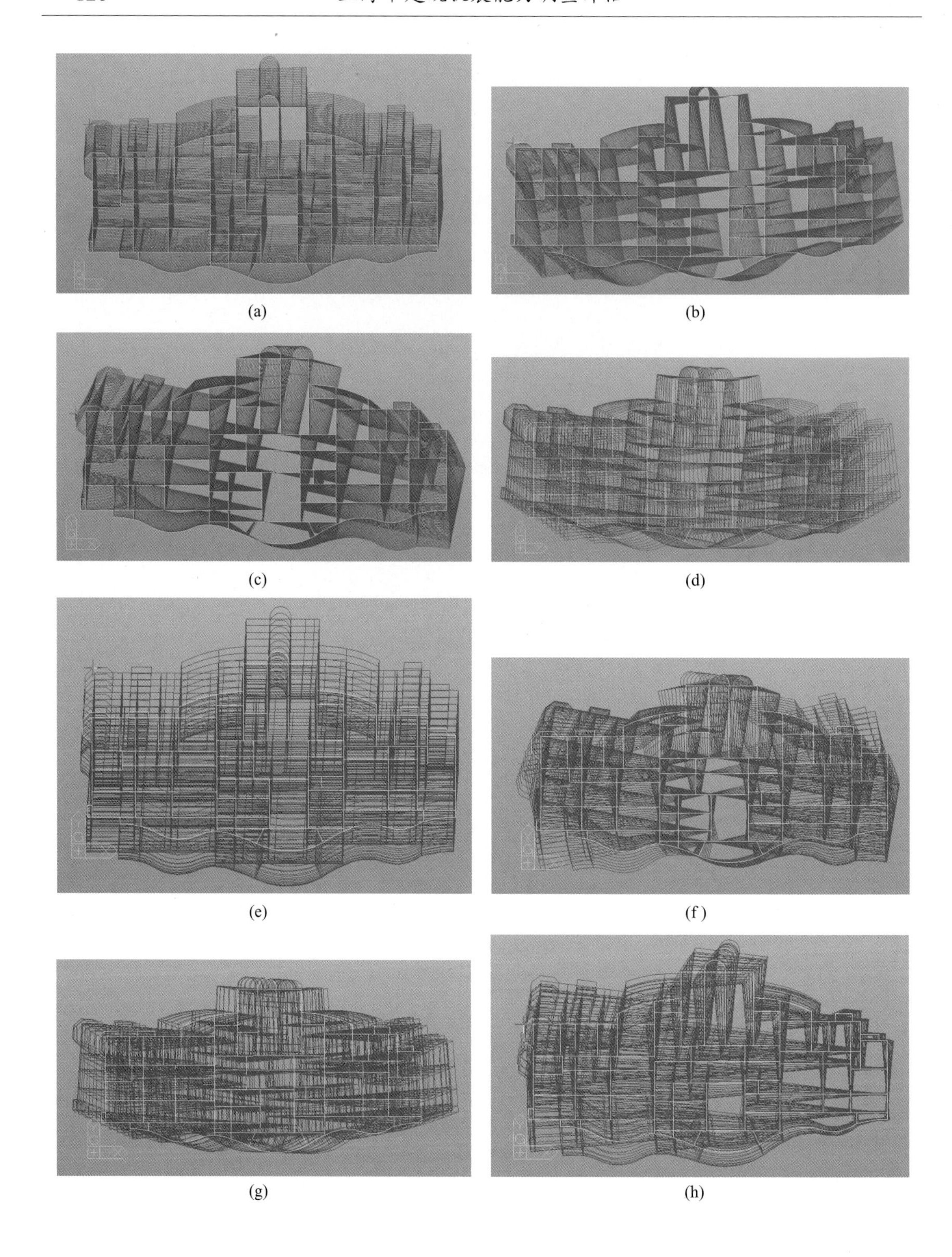

(a)　(b)　(c)　(d)　(e)　(f)　(g)　(h)

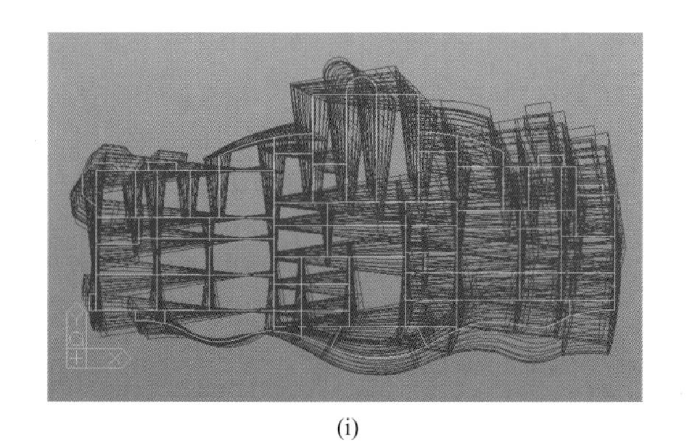

(i)

图 6.28　结构振型图

(a) 第1阶振型；(b) 第2阶振型；(c) 第3阶振型；(d) 第4阶振型；(e) 第5阶振型；(f) 第6阶振型；(g) 第7阶振型；(h) 第8阶振型；(i) 第9阶振型

6.7.6　结构地震反应计算

针对三个地震水准，在每个水准下采用3条波激励，得到相应的结构地震反应，包括顶层水平位移时程反应、底层剪力时程曲线，选取结构反应的位置如图6.29所示，图6.30中分别为输入0050Y630.D01地震波结构的地震动加速度时程（a），及地震波激励下顶层位移最大处（b）、底层柱剪力最大值（c）的结构反应。限于篇幅，其他8条输入结构的地震波及相应的结构反应时程曲线，这里不一一列出。

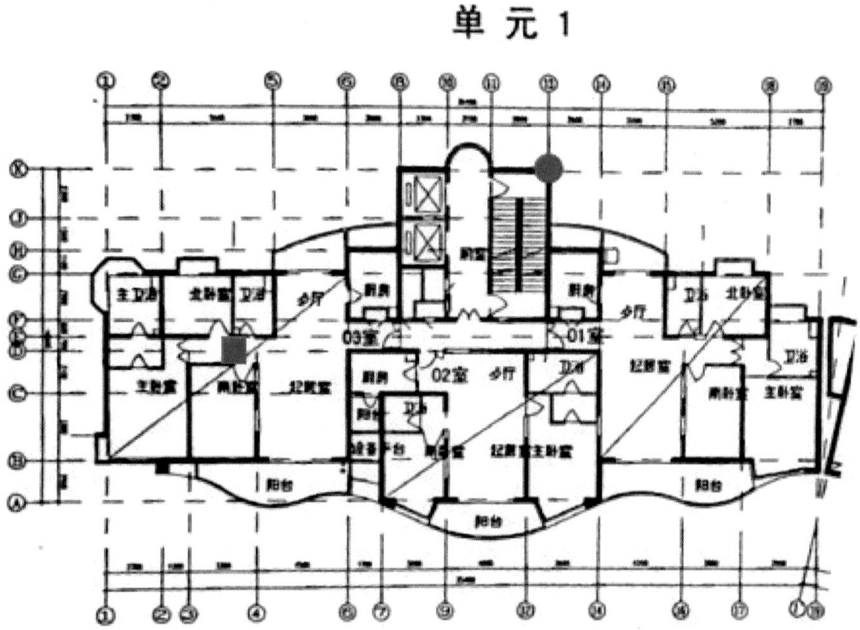

单 元 1

图 6.29　结构地震反应受力节点位置选取

（红色圆点代表顶层，红色方点代表底层）

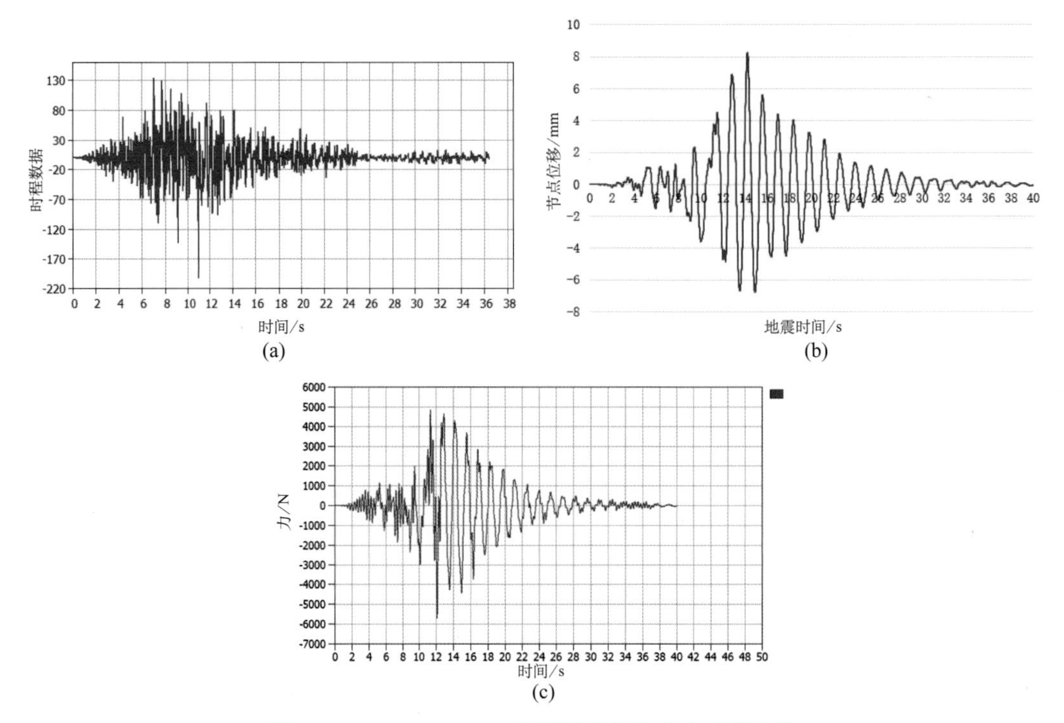

(a)　(b)　(c)

图 6.30　0050Y630. D01 地震波及结构响应时程曲线

(a) 0050Y630. D01 地震波时程曲线；(b) 顶层水平位移时程反应；(c) 底层剪力时程曲线

通过计算分析获得各地震波作用下的层间最大位移角汇总，如表 6.24 所示。

表 6.24　地震作用下层间最大位移角汇总（1/层间位移角）

多遇地震				设防地震				罕遇地震			
层数	050Y 630. D01	050Y 630. D02	050Y 630. D03	层数	050Y 100. D01	050Y 100. D02	050Y 100. D03	层数	050Y 020. D01	050Y 020. D02	050Y 020. D03
28	1312	1563	1008	28	313	263	211	28	121	88	113
27	1281	1531	990	27	304	258	204	27	117	87	112
26	1259	1512	987	26	298	257	198	26	115	87	110
25	1226	1484	984	25	294	258	193	25	113	86	107
24	1188	1451	985	24	291	261	188	24	111	85	104
23	1153	1404	988	23	290	266	184	23	110	85	101
22	1120	1362	992	22	290	267	181	22	110	85	98
21	1089	1325	985	21	289	259	179	21	110	85	96
20	1061	1292	969	20	288	252	178	20	111	84	94

续表

多遇地震				设防地震				罕遇地震			
层数	050Y630.D01	050Y630.D02	050Y630.D03	层数	050Y100.D01	050Y100.D02	050Y100.D03	层数	050Y020.D01	050Y020.D02	050Y020.D03
19	1036	1266	956	19	285	247	177	19	113	83	92
18	1016	1246	946	18	283	244	173	18	112	81	90
17	1000	1233	939	17	276	243	169	17	107	79	88
16	990	1211	935	16	271	244	165	16	104	78	87
15	986	1197	936	15	266	246	164	15	102	78	86
14	987	1192	942	14	262	250	163	14	102	78	86
13	984	1198	956	13	260	256	164	13	103	79	87
12	985	1212	977	12	260	255	166	12	106	80	88
11	993	1237	1009	11	263	254	169	11	109	83	90
10	1011	1271	1047	10	268	255	172	10	114	86	92
9	1042	1305	1048	9	276	260	176	9	117	89	96
8	1086	1333	1061	8	288	270	182	8	120	92	101
7	1148	1373	1095	7	305	286	192	7	126	97	106
6	1220	1439	1159	6	324	310	207	6	131	104	114
5	1330	1549	1266	5	352	348	230	5	141	115	125
4	1508	1733	1446	4	397	406	260	4	159	134	142
3	1837	2086	1779	3	480	503	313	3	192	167	173
2	2532	2843	2452	2	652	693	426	2	260	234	238
1	5458	6091	5135	1	1361	1474	909	1	538	500	505

对表 6.24 进行汇总，最终得到各地震波作用下最大层间位移角及破坏等级如表 6.25 所示。

表 6.25　最大层间位移角汇总

地震烈度	地震波名称	1/最大层间位移角	结构破坏等级
多遇地震	050Y630. D01	984	基本完好
多遇地震	050Y630. D02	1192	基本完好
多遇地震	050Y630. D03	936	基本完好
设防地震	0050Y100. D01	260	轻微破坏

续表

地震烈度	地震波名称	1/最大层间位移角	结构破坏等级
设防地震	0050Y100. D02	243	轻微破坏
设防地震	0050Y100. D03	164	中等破坏
罕遇地震	0050Y020. D01	102	中等破坏
罕遇地震	0050Y020. D02	81	严重破坏
罕遇地震	0050Y020. D03	87	严重破坏

6.7.7 结论

（1）在不考虑材料强度退化的条件下，该建筑结构总体性能良好，没有出现明显的扭转现象。

（2）由时程分析结果可知，小震作用下，结构层间位移角为 0.0011，小于规范要求的 0.0018；大震作用下，结构层间位移角为 0.0123，小于规范要求的 0.02，因此结构满足我国现行抗震规范的“小震不坏、中震可修、大震不倒”的要求。

（3）由易损性结果可知，该建筑在小震作用下，结构破坏等级为基本完好；在中震作用下，结构破坏等级基本为轻微破坏；在大震作用下，结构破坏等级基本为严重破坏。

（4）结合量大面广的易损性评估结果，考虑到结构本身的复杂性，上述易损性评定结果合理。

第7章　上海市建筑抗震能力调查评估信息管理系统平台建设

7.1　系统平台建设概述

在基于建筑抗震能力调查与评估建立的上海市建筑基础信息数据库和抗震能力数据库基础上，建设了上海市建筑抗震能力调查评估信息管理系统平台，下面均简称“系统平台”。系统平台的建设可以使建筑抗震能力调查及评估的数据实现信息化管理，大大提高数据的更新和调用时间，实现建筑抗震能力的动态评估，展示全市建筑的抗震设防水平时空分布和在不同地震烈度下的建筑的破坏等级及其时空分布情况，形象、直观、多维、动态、系统地展示上海市建筑抗震能力情况。为上海市的地震灾害风险评估、韧性城市建设、地震灾害情景构建提供数据支撑和技术服务。

系统平台基于 GIS 软件建设，主要包括五个模块：数据库模块、建筑抗震能力展示地图模块、建筑抗震能力模拟测算评估系统模块、建筑抗震能力实测评估系统模块和统计分析模块，其中建筑抗震能力展示地图模块又分为建筑抗震能力设防水平专题图和建筑抗震能力现状专题图。

7.2　系统平台设计方案

系统平台总体设计坚持数据、管理、服务和应用相分离的架构思想，充分集成项目调查、评估数据成果资源，实现模拟测算及实测评估功能，提供专题地图、统计图表等多种展现方式，更好地支撑上海市建筑抗震能力现状调查、评估和展示工作。

7.2.1　系统平台架构

系统平台架构主要包含 5 个层次：依次为设施层、数据层、服务层、应用层和用户层，系统平台架构图如图 7.1 所示，从最基础的设施层到最终的用户层，整个过程就是为不同需求的用户提供一个完整、准确的信息服务。

设施层：主要包括计算机软硬件运行环境、操作系统、数据库系统、GIS 平台、网络设施、存储设备、备份系统等，实现对资源的抽象管理与控制。

数据层：包括基础地理数据库、建筑信息库、调查评估成果库、历史数据库、专题成果库以及档案资料库等专题信息，数据层的构建为整个平台的运行提供数据支撑。

服务层：包括统一地理信息服务、统一目录服务、统一权限服务、数据集成服务和数据

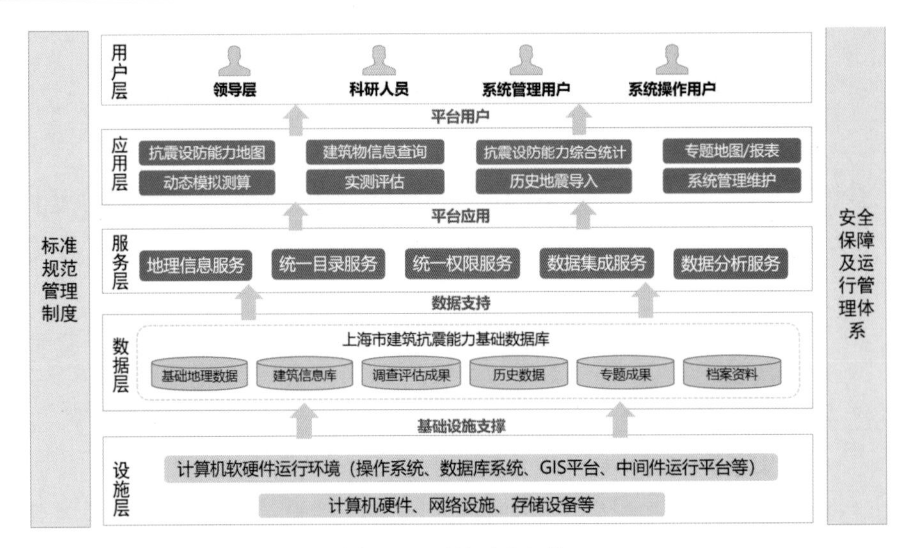

图 7.1　系统平台架构

分析服务等，服务层的构建为平台功能和应用提供服务。

应用层：面向终端用户，为用户提供各种实现具体功能的模块，用户可以根据自身的需求来选择相应的功能模块。

用户层：构建平台不同的用户群体，针对不同用户提供相应的功能权限以及服务类别等。

7.2.2　系统平台功能架构

系统平台可以实现建筑抗震能力相关资源的整合、调用、共享及统一管理，为用户提供更加快捷、简便的使用体验。系统平台的主要功能包括：地图操作功能、数据管理功能、展示分析功能、系统管理功能四个模块，各个模块再细分出子功能模块，图 7.2 为系统平台功能架构。

系统平台以调查、评估数据为支撑，对上海市建筑物抗震能力信息基于地图模块进行展示、浏览、查询、分析、统计、报表以及专题输出等，基于模拟评估系统，评估展示上海市建筑物在地震烈度Ⅵ、Ⅶ、Ⅷ度下的破坏状态，分为基本完好、轻微破坏、中等破坏、严重破坏、毁坏五种破坏状态。最终实现对上海市建筑抗震能力做出综合评价。

1. 地图操作功能

地图操作功能集区域导航、地图浏览、图层控制、地图查询、图例管理、地图书签、地图标记、多屏对比、卷帘查看、地图量测、地图打印等多功能于一体，用户可综合运用 GIS 服务，在一张图上展示各类建筑物信息以及专题信息，为信息决策提供可视化、智能化数据支撑。

2. 数据管理功能

数据管理功能能够对建筑物图形数据和属性数据进行数据导入、数据导出、数据浏览、数据查询、数据编辑、统计报表等操作，便于用户及时更新、修改相关数据，确保数据的准

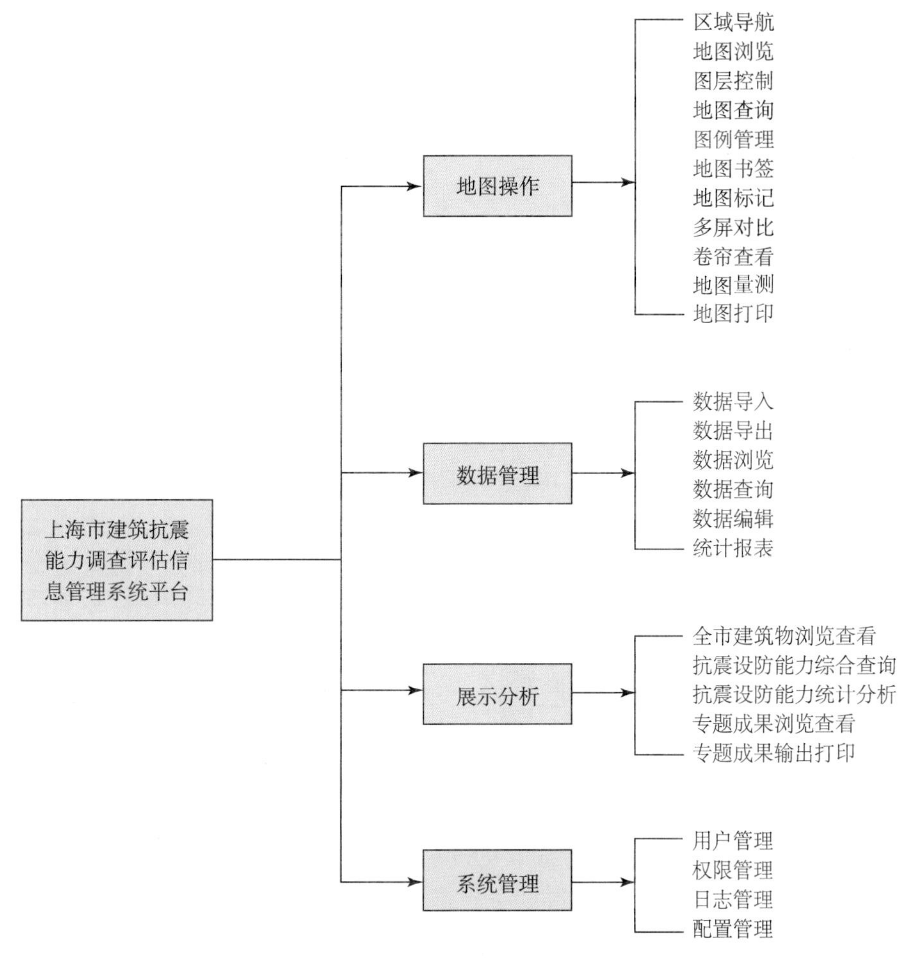

图 7.2　系统平台功能架构

确性和及时性。

3. 展示分析功能

展示分析功能实现对全市建筑物在地图上浏览查看、抗震设防能力的综合查询、统计分析以及专题成果浏览查看和输出打印，便于用户了解全市建筑物的分布情况及抗震设防能力现状。

4. 系统管理功能

系统管理功能提包括用户管理、权限管理、日志管理、配置管理等多方面管理选项，方便用户对各项信息的综合管理。

7.3　系统平台模块

系统平台模块主要包括数据库模块、建筑抗震能力展示地图模块、建筑抗震能力模拟测算系统模块、建筑抗震能力实测评估系统模块和统计分析模块。

系统平台模块可以实现各种信息可视化，极大提高了建筑抗震能力调查与评估数据的利用率和可操作性，可以在全市范围内实现建筑抗震能力基础数据和评估测算过程的可视化、动态化、实时化，为城市建筑震害预测和震灾风险评估提供数据基础和技术支撑，为城市房屋加固改造提供依据，为城市抗震防灾规划和韧性城市建设提供参考。

7.3.1 数据库模块

基于 Oracle 建立的上海市建筑基础信息及抗震能力数据库，收集、存储、管理海量数据资料，通过数据库可以实现图形、表格、图像、文档资料、建筑物抗震能力时空信息数据的一体化管理，大幅提高工作效率和数据使用率。

数据库模块包括基础地理数据、建筑基础属性数据库、地震地质资料、抗震能力评估数据库、多媒体资源库、档案资源库、其他数据等。基础地理数据包括地形成果数据和遥感影像数据；建筑信息数据库涵盖上海市行政区划所有建筑的属性信息，记录建筑的区划、街道、名称、地址、建筑功能、结构类型、结构高度、建造年代、面积等；地震地质资料包括上海市地貌特征、新生代地层、基岩地质、主要断裂等新构造运动特点、液化土层等数据信息及图件；抗震能力评估数据库涵盖每栋建筑的易损性评估结果；多媒体资源库记录建筑相关的影像、照片等资料；档案资源库记录建筑相关的地质勘探报告、设计图纸、结构计算书等资料；其他数据包括系统管理等数据。

7.3.2 建筑抗震能力展示地图模块

建筑抗震能力展示地图模块分为建筑抗震设防水平专题图和建筑抗震能力现状专题图。抗震设防水平专题地图不仅显示了上海市建筑 6 度以下设防、6 度设防和 7 度设防时空分布，还显示了不良地质影响范围内抗震设防分布情况。6 度以下设防、6 度设防和 7 度设防水平分别用红色、橙色和绿色分类分色块分图层展示。抗震能力现状专题地图显示了每栋建筑在Ⅵ、Ⅶ、Ⅷ度不同地震烈度下的破坏状态及时空分布。破坏状态根据《建筑抗震设计规范》和美国 Hazus Tachnical and User's Manual 规定，将结构按照其破坏程度划分为五个等级：基本完好、轻微破坏、中等破坏、严重破坏和毁坏，分别用蓝色、绿色、黄色、橙色和红色分类分色块分图层展示。

建筑抗震能力展示地图模块为用户提供了包括区域导航、地图浏览、图层控制、地图查询、图例管理、地图书签、地图标记、多屏对比、鹰眼查看、地图量测等多种可选择的选项，用户可以根据需求，选取不同的选项进行组合来展示建筑抗震设防水平和建筑抗震能力现状的评估成果。

由于建筑抗震能力地图模块提供了多种可选择的选项，在不同组合下展示的建筑抗震设防水平和建筑抗震能力现状的成果非常多，在此仅选取了少量有代表性的地图做展示。

1. 建筑抗震设防水平专题图成果展示

建筑抗震设防水平专题图，显示每栋建筑的 6 度以下设防、6 度设防、7 度设防抗震设防水平及其时空分布，分别用红色、橙色、绿色表示，分类、分色块、分图层展示。

选取上海市 7 度设防水平建筑物的分布（图 7.3）和不良地震地质上建筑的抗震设防水平（图 7.4 和图 7.5）进行展示。

图 7.3　上海市 7 度抗震设防水平建筑分布情况

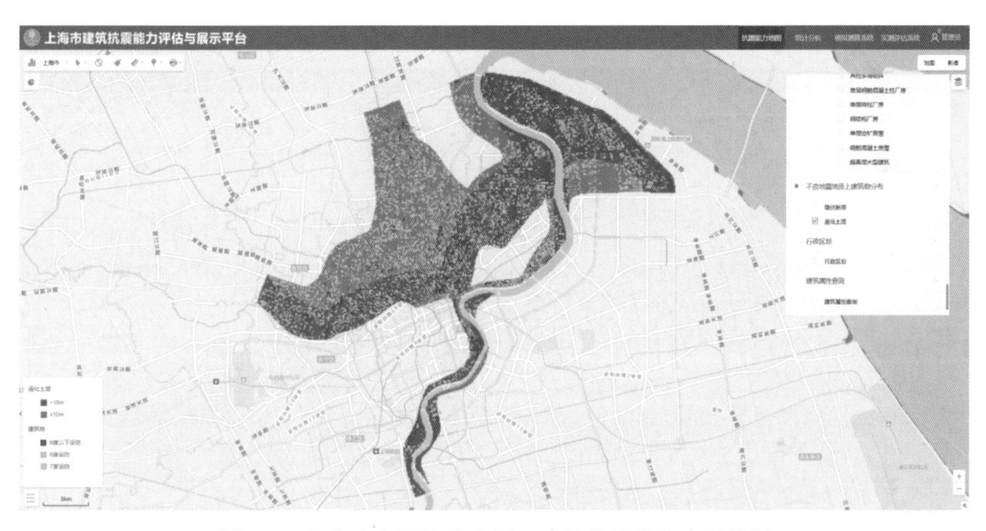

图 7.4　上海市主要液化土层上建筑抗震设防水平情况

2. 建筑抗震能力现状专题图成果展示

建筑抗震能力现状专题图，显示每栋建筑在地震烈度Ⅵ、Ⅶ、Ⅷ度下的破坏状态及其时空分布，分为基本完好、轻微破坏、中等破坏、严重破坏、毁坏五种破坏状态，分别用蓝色、绿色、黄色、橙色、红色分类、分色块、分图层展示。

选取Ⅵ度地震烈度下徐汇区（图中红色框选区域）建筑破坏状态进行展示，如图 7.6 所示。

图 7.5　上海市主要隐伏断层影响范围内建筑抗震设防水平情况

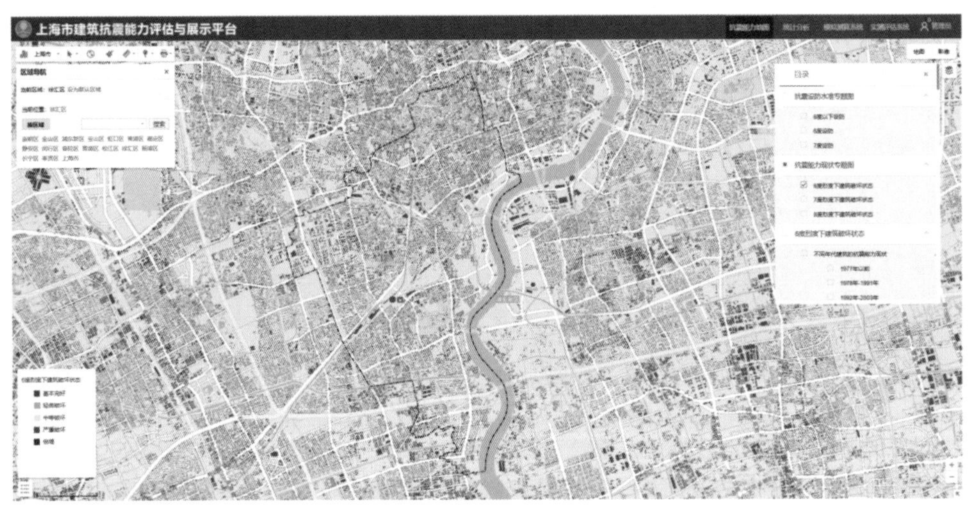

图 7.6　Ⅵ度地震烈度下徐汇区建筑破坏状态分布情况

7.3.3　建筑抗震能力模拟测算系统

建筑抗震能力模拟测算评估系统，是模拟手动输入地震作用参数，根据地震烈度衰减模型动态生成烈度分布圈，再利用 Web Service 服务将生成的烈度圈与建筑抗震能力评估结果进行叠加分析计算，获得每栋建筑在对应烈度下的建筑破坏状态，分为基本完好、轻微破坏、中等破坏、严重破坏、毁坏五种破坏状态，分别用蓝色、绿色、黄色、橙色、红色分类、分色块、分图层标识，最后通过 ArcGIS 发布动态地图服务对房屋的破坏状态进行前台地图的展示。

输入地震震级、倾向角参数和震中经纬度坐标，或点击 按钮后，在地图上选点获取经纬度坐标。点击“开始计算”按钮，进行动态模拟测算，图 7.7 为某次模拟地震作用下所计算的烈度圈及建筑破坏情况。

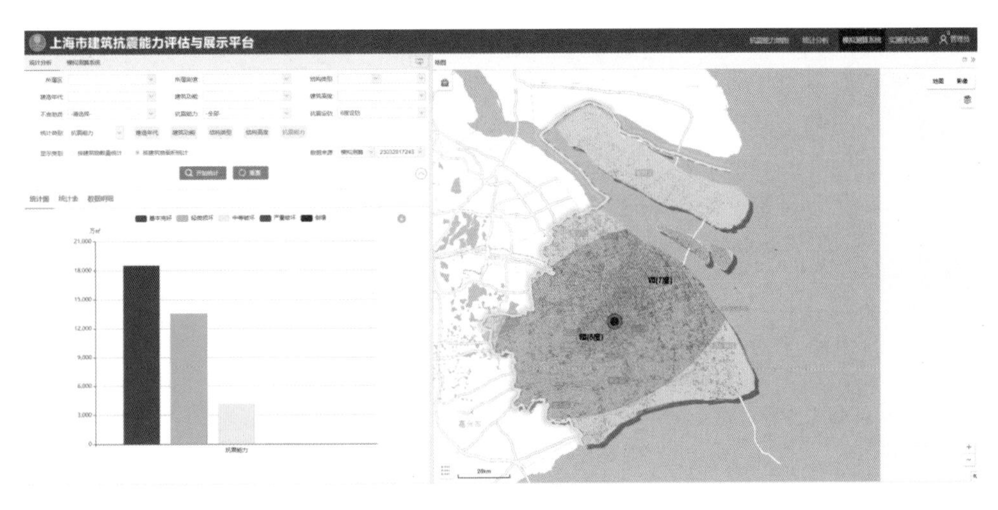

图 7.7　某次模拟测算下烈度圈及建筑破坏分布情况

7.3.4　建筑抗震能力实测评估系统

实测评估系统与模拟测算评估系统功能相同，不同的是实测评估系统直接对接上海市地震烈度速报网络系统的地震烈度数据，以此作为地震动输入，采用克里金插值方法拟合得到地震烈度圈，再利用 Web Service 服务将生成的烈度圈与建筑抗震能力评估结果进行叠加分析计算，得到每栋建筑在对应地震烈度下的破坏状态，五种破坏状态和对应表示颜色与模拟测算评估系统一致，最后通过 ArcGIS 发布动态地图服务对房屋的破坏状态进行前台地图的展示。

某次地震发生后，将各强震监测台站点监测到的烈度数据导入系统平台中，可以看到详细台站位置及其监测烈度值。对强震监测台站监测的烈度数据进行空间插值，得出该地震事件在上海市范围的地震烈度插值拟合面。图 7.8 为某假设地震作用下地震烈度圈及建筑破坏分布情况。

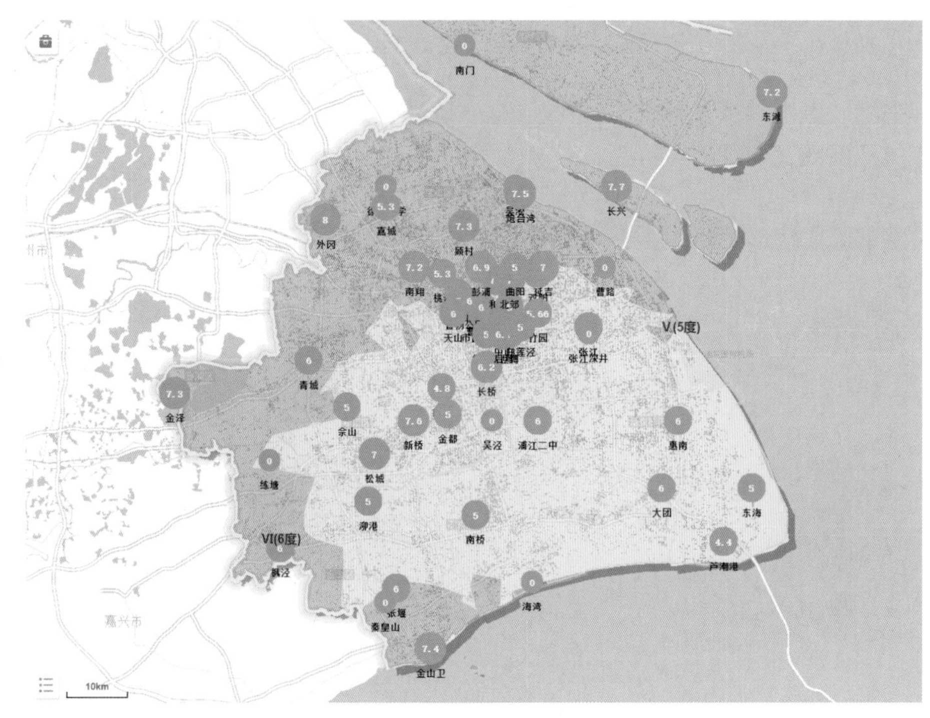

图 7.8　某假设地震作用下地震烈度圈及建筑破坏分布情况

7.3.5　统计分析模块

统计分析模块关联建筑基础信息数据库、抗震能力地图信息和测算评估系统承载的计算数据，按行政区划、建造年代、功能、结构类型、高度、不良地震地质等分类，对建筑信息和抗震能力进行统计分析，得到按设定的分类字段进行统计的各种图表数据结果，以此查看不同统计类别下建筑基础信息、抗震设防水平和抗震能力现状，并产出对应的分析图表。统计结果可对统计图、统计表和统计数据切换进行展示，相关操作流程如下，模块操作界面如图 7.9 所示。

图 7.9　统计类别选择界面

【数据筛选】下拉选择建筑物所属的区、街道、建造年代、建筑功能、结构类型、建筑高度、抗震设防水准、抗震能力等属性。

点击 ︿ ﹀ 按钮可以收起、展开查询条件。

【统计类别】点击选择用于生成统计图表的字段类别。

【显示类别】点击选择按建筑物数量/面积进行统计。

【数据来源】下拉选择参与统计的数据来源。

第8章　总结与展望

8.1　工作总结

上海作为社会主义现代化国际大都市和超大城市，是国际经济、金融、贸易、航运和科创中心，承载着全球资源配置、科技创新策源、高端产业引领、开放枢纽门户四大功能。上海市委、市政府高度重视城市公共安全工作，把公共安全作为发展必须坚持的重要底线。虽然上海地处华东地区，地震活动相对较少，但并不代表完全没有地震风险。近年来，全球地震活动的变化也可能影响到上海市及邻近区域。历史上，地震造成的灾害给人们带来了惨重的损失，经验表明，建（构）筑物的破坏是导致人员伤亡和经济损失的主要原因。为了避免重复这些悲剧，吸取地震灾害中的教训和经验，对现有建筑物进行抗震能力调查、评估和改造，可以摸清城市震灾风险底数，有效防范和降低潜在风险。因此，为了确保上海超大城市的地震安全，在全市范围内进行建筑抗震能力调查、评估意义重大，有助于保障市民的生命财产安全，维护城市的可持续发展，助力上海市韧性城市建设，为上海市防震减灾规划、地震灾害风险评估、应急预案准备、应急救援等工作提供科学依据和建议。

本次建筑抗震能力调查、评估工作在上海市全市范围内开展，采取统一要求、分类指导、整体普查、抓取典型的方法，以街道为调查统计单元，对建筑物进行逐栋普查或者抽样详查，完成了全市16个市辖区，107个街道所有建筑结构的普查基础数据和部分建筑结构的详查数据。基于获得的建筑数据，采用震害指数法（辅以结构分类评估法和美国HAZUS方法等）建立了适用于上海市的建筑物结构震害矩阵。并基于Oracle建设了上海市建筑基础信息及抗震能力数据库。在此基础上，针对抗震能力薄弱的结构类型和断层、液化软弱地基上的典型建筑，进行了结构精细化有限元分析和抗震性能评估，找到建筑抗震薄弱环节，给出抗震性能提升加固、改造建议。

地震危险性分析是进行区域建筑群地震灾害风险评估的基础之一。此次运用概率性的地震危险性分析方法，基于第五代中国地震动参数区划图划分的潜在震源，确定的地震活动性参数等，对上海市及其邻区范围内标准网格场点进行地震危险性分析计算，分别给出了上海市50年超越概率63%、10%、2%和100年超越概率1%水平的基岩和场地地震动峰值加速度等值线图，为工程设计、震害预测和震灾风险评估提供支撑。

从对不同结构类型建筑物的震害评估结果来看，不同结构类型房屋受到建筑年代、建筑材料、设计水平、施工质量及其本身结构体系抗震性能的影响，抗震能力参差不齐。上海市现存的老旧民房、未经抗震设防的农居、空旷房屋等建筑抗震性能较差。

多层砌体结构在Ⅶ度地震烈度下，轻微破坏占59%，中等破坏占27.6%；Ⅷ度地震烈度时，轻微破坏程度的建筑物占到了总量的 67.3%，但中等破坏的建筑物的比重上升到了 30.7%。多层砌体抗震能力不足的主要原因是部分老旧建筑未按要求设防，施工质量低。在今后的建设中，要加强新建工程的抗震设防监管和提高设计、施工质量。

存在一定量的老旧民房，属于易损性较高的建筑。在Ⅶ度地震烈度时，大部分发生中等破坏及以上破坏，Ⅷ度地震烈度时，发生严重破坏或倒塌。这些倒塌和严重破坏的老旧民房基本未达设防要求甚至未设防，梁、柱、墙之间的联结差，地震时易倒塌，砖砌体的旧简屋砂浆标号低，地震时墙体裂缝严重，易造成局部倒塌。在上海市还存在一定量的未经抗震设防的空旷房屋，抗震性能较差，Ⅶ度地震烈度时，基本发生中等破坏，Ⅷ度地震烈度时，发生中等至严重破坏。

钢结构厂房中，单层钢结构厂房在Ⅵ度地震烈度下抗震性能表现为基本完好，Ⅶ度地震烈度下抗震性能表现为轻微破坏，Ⅷ度地震烈度下抗震性能表现为中等破坏；1970 年后建设的 2 层以上钢结构厂房，在Ⅶ度地震烈度下抗震性能多表现为基本完好。

钢筋混凝土建筑，在Ⅵ度地震烈度下抗震性能绝大部分表现为基本完好，少量出现轻微破坏和中等破坏；在Ⅶ度地震烈度下轻微破坏程度的建筑占总量的 3.4%，少量出现中等破坏，极少量出现严重破坏；Ⅷ度地震烈度下轻微破坏程度的建筑占到了总量的 72%，少量出现中等破坏和严重破坏，极少量倒塌。自 1991 年以来，上海市钢筋混凝土建筑的抗震性能稳步提升。

通过 HAZUS 方法对 150m 以上且经过严格抗震设计又没有震害经验的超高层大型重要建筑物抗震能力进行评估，结果表明建筑在Ⅷ度及以下地震烈度下抗震性能良好，多为基本完好，极少数发生轻微破坏。

上海作为超大都市，建筑结构类型繁多，对不同结构类型的典型单体建筑物进行精细化抗震性能计算、分析、评估，是上海市建筑抗震能力调查评估工作的重要组成部分。本工作选取了砌体结构、砖木结构、钢框架结构、钢混凝土框架结构、钢筋混凝土框架结构、混凝土剪力墙结构等 10 个不同结构类型的代表性建筑，以上海市地震危险性分析成果为地震输入，进行了结构精细化有限元计算分析，结果与量大面广的易损性评估结果基本一致，同时得到了不同结构类型建筑总体结构体系和各构件的抗震性能量化指标。

基于上海市建筑抗震能力调查、评估获得的基础信息数据和评估结果数据，建立了上海市建筑抗震能力调查评估信息管理系统平台，实现全市建筑抗震能力基础数据和评估测算管理过程可视化、动态化、实时化，为城市建筑震害预测和震灾风险评估提供数据基础和技术支撑，为城市房屋加固改造提供依据，为城市抗震防灾规划和韧性城市建设提供参考。

8.2　研究展望

上海市拥有许多错综复杂的建（构）筑物和生命线系统以满足巨大的生活、出行、贸易等需求。高密度建筑群、地铁交通网络、电力和能源供应系统、供排水系统、通信网络等系统之间紧密耦合，相互依赖，共同支撑着这座城市的运转。如果其中一个系统出现问题，可能会影响到其他系统的正常运行。例如，电力系统支撑着交通系统的运行，交通系统又影响着人们的生活、商业和就业选择。电力中断可能导致交通系统瘫痪，进而影响到通信、供水等其他方面。因此，系统之间错综复杂的关系，需要城市规划者、工程师、政府部门等多方合作，以确保城市的可持续发展、安全稳定运行。本工作旨在对上海市全市范围内各类建筑物开展深入、全面的抗震能力普查、评估工作，构建上海市建筑抗震能力调查评估信息管理系统，将上海建成抗震韧性城市，是上海抗震防灾工作首当其冲的重点任务。

持续完善上海市建筑抗震能力调查评估数据库的建设，详细数据库的建立是获取更为合理震害评估结果的前提。在前期工作中，虽然获得了大量建筑物数据，但是上海市建筑物数量基数巨大、城市建设更新快，又因本次工作周期短、经费有限，进而现有数据在精确性、全面性上受到一定限制。很有必要，后续加大投入，进一步开展更精细化、精准化的调查评估，并建立常态化实时更新机制。同时，本次工作仅对上海市建筑物抗震能力进行了调查和评估，城市要素比较单一。建议在后续工作中，将对地铁交通网络、电力和能源供应系统、供排水系统、通信网络等城市生命线系统进行风险底数排摸和评估。同时，考虑在多系统耦合作用下，评估分析上海地震灾害风险，预测震后人员伤亡、经济损失，分析研判次生灾害风险，给出震后应急救援规划等对策建议。不断完善城市多系统的抗震韧性调查评估，使城市震灾风险评估分析的结果更具参考价值，为城市防震减灾规划和决策提供更有力的支撑。

上海市建筑抗震能力调查评估信息管理系统功能也有待进一步完善。如在系统平台软件中加入应急指挥决策模块、人员伤亡和经济损分析、次生灾害应急处置等功能；优化系统平台软件对地震事件的预测评估运行速度，地震发生时为决策者快速提供应急处置信息。将政府部门、学校、医院、企业等各个单位制定的地震应急预案嵌入平台并实时完善，包括紧急疏散、救援措施、通信和物资保障等方面的详细步骤，以确保在地震发生时能够有序、高效地应对。此外，建立快速高效的地震信息发布机制和传播途径也是应急准备的关键环节。在地震发生后，政府和相关部门准确及时地向公众发布地震信息，可以帮助人们采取适当的应对措施，避免慌乱，减少损失。同时，后续对交通、供电、排水等多系统耦合作用下进行韧性评估也整合到该信息管理系统中，对城市地震灾害风险进行全面系统的评估，最大程度地保护市民生命财产安全和城市稳定。

地震灾害风险评估方法有待进一步深入研究。充分考虑上海市及邻近区域软弱覆盖土层场地特点、地震地质条件、构造特征、场地类别等因素，综合上海市地震监测数据，进行强地面运动模拟和设定地震研究，构建上海超大城市地震情景。并以此作为地震输入，开展上海高密度建筑群多尺度数值建模分析、震害数值模拟与情景构建研究，即将普通的规则建筑结构按简化模型建模，复杂建筑结构或重要标志性建筑结构按构件层次精细化建模，进行区域建筑群震害动力模拟计算、地震灾害情景 3D 展示，得到建筑的震害等级、层间相对位移、楼面加速度等震害指标，建筑群地震破坏过程及其 3D 可视化展示结果等，评估上海高密度建筑群地震灾害风险，给出风险应对策略，构建、分析与展示高密度城市地面运动—场地城市效应—建筑群震灾风险—震防应急对策一体化情景。

城市抗震韧性的跨领域合作是韧性城市建设的关键。通过不同领域的专家和专业人士的紧密合作，可以在抗震韧性城市研究与建设关键技术和难点堵点问题上找到更全面、创新的解决方案，从而提升城市的安全性和可持续发展。工程学、地质学与地震学的协同合作对于确保工程系统在地震中的韧性水平至关重要。结构工程师基于地震风险、地质构造、地震波传播、震源机制等地震输入信息，设计出更适应不同地震作用的建筑结构，实现抗震性能的最大化。材料科学和建筑工程的跨领域合作，推动抗震建材的创新和应用，增强建构筑物的抗震韧性。数据科学和计算机模拟技术的联合发展，可以为抗震韧性设计和评估提供更快速、系统、准确的数据和技术支持，实现抗震韧性分析的全面性、精准性。社会学和应急管理的融合，为震后恢复重建和应急救援提供社会心理学方面的建议，确保应急救援工作的高效进行，保障人民健康和社会稳定。

最后，为提高建筑抗震性能，确保城市地震安全，针对本次对上海市建筑抗震能力调查评估过程中发现的问题和薄弱环节，提供以下建议：

1. 分类分步开展存量建筑的抗震鉴定、加固和改造

结合城市更新“留、改、拆”规划，逐步提升既有建筑抵御地震灾害风险的能力。对于老旧建筑，在确保改造方案的科学可行的情况下，可以考虑进行结构加固和改造，包括添加钢筋混凝土柱、加固墙体、增加剪力墙等，以增强建筑的整体抗震性能；检查建筑负载是否超过设计容许范围，如加层或装修改造带来的负荷，必要时，采取措施减轻楼层的负荷，有助于减小地震作用下的受力，以满足设计要求；识别并加固建筑中的软弱层，如增加承重墙体、支撑，加强楼板连接、墙体连接、梁柱节点等；对于一些抗震能力低的混凝土结构，可以考虑添加钢结构加固，包括添加钢框架、钢支撑等，以提高整体抗震能力；对重点建筑进行的结构监测和定期维护，实时监测结构安全，及时修复裂缝、损坏等，确保建筑物健康和安全。此外，要提升农居的抗震能力。开展农居基础资料调查与抗震防震能力评价；制定农村民居地震安全工程建设规划；开展农村民居抗震防震技术研究开发；组织农村建筑工匠防震抗震技术培训；组织实施农居地震安全示范工程建设；建立农村防震抗震技术服务网络。逐步增强了上海市郊农居的抗震设防能力，取得明显的减灾实效。提升了农民群众的地震安全意识，激发了农民群众建设安全农居的自觉性。

2. 加强增量建设工程抗震设防要求监管

完善抗震设防要求事前事中事后“全链条”管理体制机制，构建权责明晰、科学有效的事前、事中、事后综合监管体系，将全市建设工程抗震设防要求纳入建设工程前置审批条件，规范审批流程，依法确定抗震设防要求，确保一般建设工程严格按照中国地震动参数区划图抗震设计规范确定抗震设防要求，学校、医院等人员密集场所的建设工程提高一档进行抗震设防，重大建设工程和可能产生严重次生灾害的建设工程依法开展地震安全性评价，确定设防参数。各行业、各管理职能部门加强联合监管执法，确保建设工程从立项、规划到设计、施工、验收等各环节均能贯彻落实好国家和地方相关法律法规和标准要求。有效遏制新建、改建、扩建建设工程抗震设防能力不足的问题。

落实国务院《建设工程抗震管理条例》，新建学校、幼儿园、医院、养老机构、儿童福利机构、应急指挥中心、应急避难场所、广播电视等建筑应当按照国家有关规定再用隔震减震等技术，保证发生本区域设防地震时能够满足正常使用要求。加大投入研发和推广应用减隔震新技术、新方法、新工艺，提高建筑物的抗震能力。严格落实《上海市超限高层建筑地震安全性评价工作管理办法》《上海市特大桥梁、发射塔、高层建筑设置强震动监测设施管理办法》和《上海市区域地震安全性评价管理办法》的实施，优先选取一批地标性、功能性强，安全隐患多的高层建筑或重大设施开展震（振）动安全实时监测预警。开展区域性地震安全性评价工作，推进上海市营商环境创新试点城市建设。

3. 提升公众防震减灾意识和自救互救能力

一是，开展广泛的地震安全教育活动，通过学校、社区、媒体等途径，向公众普及地震知识，强调抗震减灾的重要性。制作图文并茂、通俗易懂的宣传材料，直观形象地介绍建筑抗震知识。二是，组织抗震防灾演练，制定建筑内部防灾避险应急预案，明确地震发生时的疏散和求助步骤，让公众亲身体验地震情景，学习正确的逃生、避难等基本技能。借助虚拟现实技术，提供生动的抗震防灾体验，激发公众的防灾意识。三是，邀请地震工程领域专家进行公开讲座和培训，传授建筑结构抗、减、隔震专业知识，答疑解惑。四是，鼓励民众参与抗震减灾项目，如社区建筑抗震改造加固，增加他们的参与感和责任感。建立地震安全志愿者队伍，加强社区居民之间的合作与互助。鼓励社会力量投身防震减灾科普事业，动员社会组织参与防震减灾公益活动。五是，制定抗震防灾教育政策，将地震安全教育纳入学校课程和社区活动。宣传推广成功的抗震防灾案例，展示防震减灾的实际成效。

参 考 文 献

DGJ 08-9—2013　上海市建筑抗震设计规程［S］，2013

DGJ 08-81—2015　现有建筑抗震鉴定与加固规范［S］，上海：同济大学出版社，2015

GB/T 5101—2017　烧结普通砖，北京：中国质检出版社，2018

GB 18306—2015　中国地震动参数区划图［S］，北京：中国标准出版社，2015

GB/T 19428—2003　地震灾害预测及其信息管理系统技术规范［S］，北京：中国标准出版社，2004

GB/T 24335—2009　建（构）筑物地震破坏等级划分［S］，北京：中国标准出版社，2009

GB 50003—2011　砌体结构设计规范，北京：中国建筑工业出版社，2011

GB 50011—2001　建筑抗震设计规范［S］，北京：中国建筑工业出版社，2008

GB 50223—2008　建筑工程抗震设防分类标准［S］，北京：中国建筑工业出版社，2008

JGJ 138—2016　组合结构设计规范，北京：中国建筑工业出版社，2016

陈达生、刘汉兴，1989，地震烈度椭圆衰减关系［J］，华北地震科学，7（3）：31~42

陈善阳、李德虎、薛彦涛，1998，1996 包头地震和 1997 伽师地震震害的某些特点［C］//全国地震工程会议，中国建筑学会、中国地震学会

陈业裕，1992，三峡工程的地质基础［J］，地理教学，（4）：3

董志君，2007，高层建筑结构抗震设计方法［J］，低温建筑技术，120（06）：75~76

高孟潭（主编），2015，GB 18306—2015《中国地震动参数区划图》宣贯教材［M］，北京：中国标准出版社

龚治国、吕西林、翁大根，2007，超高层主楼与裙房黏滞阻尼器连接减振分析研究［J］，土木工程学报，40（9）：8~5

顾澎涛，1993，有关上海地区地质构造的几点新认识［J］，上海国土资源，14（3）：1~10

顾澎涛、程之牧，1990，也谈上海地区的断裂构造系统［J］，上海国土资源，（004）：1~6

国家地震局震害防御司未来地震灾害损失预测研究组，1990，中国地震灾害损失预测研究（一）［M］，北京：地震出版社

韩新民、晏凤桐、周瑞琦等，1997，1996 年 2 月 3 日云南丽江 7.0 级地震震害调查和损失评估［J］，灾害学，（02）：32~38，DOI：CNKI：SUN：ZHXU. 0. 1997-02-007

胡潇、陈臻林，2013，建筑结构抗震计算方法讨论——以汶川地震什邡受损电信大楼为例［J］，建筑科学，29（09）：57~60+98，DOI：10. 13614/j. cnki. 11-1962/tu. 2013. 09. 015

胡聿贤（主编），2001，中国地震动参数区划图宣贯教材（GB 18306—2001）［M］，北京：中国标准出版社

胡聿贤，2006，地震工程学［M］，北京：地震出版社

胡聿贤、张敏政，1984，缺乏强震观测资料地区地震动参数的估算方法［J］，地震工程与工作振动，4（1）

火恩杰、刘昌森、章振铨等，2004，上海市隐伏断裂及活动性研究［M］，北京：地震出版社

江苏省地质矿产局，1984，江苏省及上海市区域地质志［M］，地质出版社

金国梁等，1985，老旧民房地震破坏预测的方法［J］，工程抗震，(2)
李谦、安占义、张丽娜，2013，地震作用下结构反应的分析方法［J］，四川建材，39（03）：23～24
李源，2022，海某特别不规则框架结构设计［J］，上海建设科技，249（01）：49～52
刘恢先，1986，唐山大地震震害［M］，地震出版社
卢寿德，2006，工程场地地震安全性评价（GB 17741—2005）宣贯教材［M］，北京：中国标准出版社，57～73
陆新征、卢啸、李梦珂等，2013，上海中心大厦结构抗震分析简化模型及地震耗能分析［J］，建筑结构学报，34（07）：1～10
潘华、高孟潭、谢富仁，2013，新版地震区划图地震活动性模型与参数确定［J］，震灾防御技术，8（1）：11～23
潘华、张萌、李金臣，2017，美国地震区划图的发展——地震危险性图与抗震设计图［J］，震灾防御技术，12（3）：511～522
邱金波、李晓，2006，上海市第四纪地层与沉积环境［M］，上海：上海科学技术出版社
上海市地矿局，1988，上海市区域地质志，地质出版社
沈建文，2004，上海市地震动参数区划［M］，北京：地震出版社
苏小卒、朱伯龙，1987，预应力混凝土框架的反复荷载试验及有限元全过程滞回分析［J］，同济大学学报，(01)：40～51
汪大绥、张坚、包联进等，2007，世茂国际广场主楼结构设计［J］，建筑结构，37（5）：13～16
汪大绥、张坚，2007，世茂国际广场主楼与裙房减振弱连接设计［J］，建筑结构，37（5）：17～19
汪素云、俞言祥、高阿甲等，2000，中国分区地震动衰减关系的确定［J］，中国地震，16（2）：5～12
文俊、蒋友宝，2020，高层钢结构建筑横向支撑地震动力响应分析［J］，地震工程学报，42（02）：326～331+367
吴育才、谭良，1985，单层厂房的震害预测［J］，工程抗震，(2)
冼剑华、崔威、苏成等，2022，建筑结构抗震分析的改进反应谱法［J］，土木工程学报，55（05）：26～36
肖亮、俞言祥，2011，中国西部地区地震烈度衰减关系［J］，震灾防御技术，6（4）：358～371
谢礼立、张晓志、周雍年，1996，论工程抗震设防标准［J］，地震工程与工程振动，16（1）：1～17
徐伟进、高孟潭，2014，中国大陆及周缘地震目录完整性统计分析［J］，地球物理学报，57（9）：2802～2812
杨璐、陈虹、岳永志等，2016，反应谱法与时程分析法抗震分析对比［J］，沈阳工业大学学报，38（03）：331～336
尹之潜、李树桢、杨树文、赵直，1996，震害与地震损失的估计方法［J］，地震工程与工程振动，10（1）：99～107
尹之潜，1996，地震灾害及损失预测方法［M］，北京：地震出版社
于风波，2010，钢筋混凝土框架-核心筒结构钢结构加层的抗震性能研究［D］，青岛理工大学
俞言祥、李山有、肖亮，2013，为新区划图编制所建立的地震动衰减关系［J］，震灾防御技术，8（1）：24～33
俞言祥、汪素云，2006，中国东部和西部地区水平向基岩加速度反应谱衰减关系［J］，震灾防御技术，(03)：206～217
张艳青、符瑞安、韩石等，2020，中美欧建筑结构抗震设计对比［J］，应用力学学报，37（05）：2288～2296+2339～2340

章在墉，1996，地震危险性分析及其应用［M］，上海：同济大学出版社
中国地震局工程力学研究所，2002，上海市浦东新区震害预测报告［R］
中国科学院海研究所海洋地质研究室，1982，黄东海地质［M］，科学出版社
周本刚、陈国星、高战武、周庆、李姜一，2013，新地震区划图潜在震源区划分的主要技术特色［J］，震灾防御技术，8（2）：113~123
周本刚，2016，新一代地震区划图潜在震源区划分的技术进展［J］，城市与减灾，03：18~23
周威，2015，多层建筑抗震性能评估方法对比研究［D］，河北农业大学